조경수 컨테이너
재배 신기술

휴면 농지를 이용한 새로운 비전과 귀농·귀촌 고소득을 위한
조경수 컨테이너 재배 신기술

초판인쇄 | 2018년 6월 22일
초판발행 | 2018년 6월 27일

지 은 이 | 권영휴, 김석진, 김수진, 권윤구, 한상균, 정준래
펴 낸 이 | 고명흠
펴 낸 곳 | 푸른행복

출판등록 | 2010년 1월 22일 제312-2010-000007호
주　　소 | 경기도 고양시 덕양구 통일로 140(동산동)
　　　　　　삼송테크노밸리 B동 329호
전　　화 | (02)3216-8401 / **팩스** (02)3216-8404
E-MAIL | munyei21@hanmail.net
홈페이지 | www.munyei.com

ISBN 979-11-5637-091-8 (13520)

※ 이 책의 내용을 저작권자의 허락없이 복제, 복사, 인용, 무단전재하는 행위는 법으로 금지되어 있습니다.

※ 잘못된 책은 바꾸어 드립니다.

※ 본 저서는 농촌진흥청 공동연수사업(과제번호 PJ 010190)의 지원에 의해 이루어진 것입니다.

※ 이 도서의 국립중앙도서관 출판예정도서목록(CIP)은 서지정보유통지원시스템 홈페이지(http://seoj.nl.go.kr)와 국가자료공동목록시스템(http://www.nl.go.kr/kolisnet)에서 이용하실 수 있습니다.(CIP제어번호: CIP2018018134)

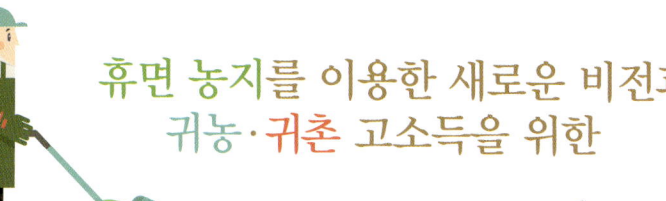

휴면 농지를 이용한 새로운 비전과
귀농·귀촌 고소득을 위한

조경수 컨테이너 재배 신기술

권영휴, 김석진, 김수진, 권윤구, 한상균, 정준래 共著

푸른행복

머리말 (Preface)

최근 우리나라는 소득증대에 따라 삶의 질을 개선하기 위한 요구가 점차 늘어나는 추세이다. 특히 우리의 생활환경과 밀접하게 관련된 조경 공간에 대해서 관심이 높아지고 있다. 조경의 가장 주요한 소재 중의 하나는 조경수라고 할 수 있다. 쾌적하고 아름다운 공간을 조성하려면 고품질의 조경수가 안정적으로 공급되는 것이 필수적이다. 이를 위해서는 균일한 품질의 수목을 적기에 생산하여 공급할 수 있는 재배 기술과 공사 현장에 적합한 규격화 및 표준화, 효율적인 유통 체계가 필요하다.

미국, 캐나다, 독일, 네덜란드 등 해외 조경 선진국에서는 조경수 생산에 컨테이너 재배 기술을 적극적으로 도입하여 계절적 한계를 극복하고 연중 수목을 판매한다. 아울러 농장에서 이루어지는 대부분의 작업을 기계화하여 규격화된 고품질의 조경수를 생산하고, 조경수 생산의 산업화를 확고하게 구축하고 있다.

우리나라에서도 선진화된 녹화 기술을 구축하려면 식물 소재 생산 및 유통 체계의 표준화가 이루어져야 한다. 후진적인 재배 기술과 유통 방식으로는 나날이 높아지는 국민의 눈높이와 미래에 요구되는 녹화 시장을 만족시키기 어렵다.

　본 저서는 이러한 문제점을 인식하고 조경수 품질의 고급화, 균일화, 표준화와 계절적인 요인에 장애를 받지 않고 식재가 가능한 컨테이너 재배에 대해 생산 기술을 중심으로 기술하였다. 생산 기술은 2014년부터 2017년까지 4년간 농촌진흥청의 지원으로 이루어진 '도시녹화 및 정원식물소재의 생산과 유통표준화' 연구에서 컨테이너 재배와 관련된 내용을 요약하여 정리한 것이다. 정리를 위한 조사는 수목 생산과 관련된 기존문헌, 독일, 네덜란드 등 선진국가의 재배 기술, 본 연구로 이루어진 시험 재배 내용 등으로 이루어졌다.

　책의 구성은 개요, 컨테이너 재배를 위한 준비, 컨테이너 재배 과정과 방법, 컨테이너 재배 유지 관리, 판매 및 유통, 컨테이너 재배 국외 사례 등으로 편성하였다.

　본 저서는 컨테이너를 이용하여 조경수를 재배하고자 하는 사람들에게 도움을 주고자 생산과정별로 쉽게 정리하였으며, 우리나라 조경수 생산 기술의 선진화에 작은 도움이 되었으면 하는 바람이다. 도움을 준 농촌진흥청 국립원예특작과학원에 깊은 감사를 드린다.

대표저자　권 영 휴

Contents

머리말 (Preface) ··· 4

Chapter 01
컨테이너 재배 기술
01 | 개요 ··· 10
02 | 조경수 컨테이너 재배 기술 ··· 13

Chapter 02
컨테이너 재배를 위한 준비
01 | 조경수 생산을 위한 농장 조성 과정 ································ 20
02 | 컨테이너 재배를 위한 포지 선정과 설계 ························· 28
03 | 컨테이너 재배를 위한 용기 준비하기 ······························ 33
04 | 컨테이너 재배를 위한 토양 준비하기 ······························ 45

Chapter 03
컨테이너 재배 과정과 방법
01 | 개요 ··· 56
02 | 유묘 생산 과정 ·· 59
03 | 성목 생산 과정 ·· 65
04 | 컨테이너 재배 형태 ··· 82
05 | 수종별 출하 용기 및 재배 기간 ······································ 84

Chapter 04
컨테이너 재배 유지 관리

01 | 개요 ·· 126
02 | 관수 및 배수 관리 ·· 127
03 | 시비 관리 ·· 138
04 | 전정 관리 ·· 144
05 | 잡초 관리 ·· 153
06 | 풍해 관리 ·· 157
07 | 월동 관리 ·· 162
08 | 병충해 관리 ·· 169

Chapter 05
판매 및 유통

01 | 개요 ·· 174
02 | 컨테이너 재배 수목 출하 ······································ 176

Chapter 06
컨테이너 재배 국외 사례

01 | 조경 선진국의 컨테이너 재배 사례 ···················· 178

부록 | 성목 재배용 컨테이너 용기 ································ 202
참고문헌 ·· 217

Chapter 01

컨테이너 재배 기술

01 | 개요

　급속한 산업화와 도시화로 생태계가 훼손되고 녹지 공간이 사라지면서 환경 문제를 비롯한 여러 가지 문제들이 발생되고 있다. 이러한 문제들을 해결하기 위해 각 분야에서는 다양한 환경 개선 사업들을 벌이고 있는데, 특히 도시의 아름다움과 생태계 복원을 위해 다양한 정원 식물을 도입하는 등 녹지율을 높여 쾌적한 도시 환경을 조성하고자 하는 노력이 나타나고 있다.

　최근 환경 개선을 목적으로 주거 단지 주변의 녹지 공간 확대, 어린이 놀이터 및 근린공원 조성, 도시 숲 만들기, 생태공원 조성, 옥상과 벽면 등 인공지반 녹화, 생태 하천 조성, 도시 농업과 관련된 텃밭만들기 등 다양한 형태의 친환경적인 경관조성사업이 시행되고 있다.

　도시 녹화 및 정원에 사용되는 식물 재료에는 수목과 초화류 등이 있다. 수목은 교목과 관목, 만경류로 구분하고 녹지조성과 경관구성에 빼놓을 수 없는 주된 재료이다. 교목은 키가 보통 4m 이상이고 원줄기가 뚜렷하고 곧게 자란다. 관목은 보통 키가 4m 이하이고 원줄기와 가지가 뚜렷하지 않은 형태로 자라며, 만경류는 목질의 줄기가 덩굴성으로 자란다.

도시 녹화를 위한 조경수의 생산량과 생산액을 살펴보면 1998년 2,097만 본(2,391억 원)에서 2015년 기준 7,846만 본(6,769억 원)으로 약 4배 가까이 증가하였다. 조경수의 수요는 향후 소득증가와 함께 지속적으로 증가할 것으로 보인다.

점차 커지는 도시 녹화 시장에서 녹화 식물의 안정적인 공급과 효율적인 유통 및 현장 적용을 위해서는 적기에 고품질의 수목을 대량으로 생산할 수 있는 기술과 함께 규격화 및 표준화가 필수적이다. 그러나 국내 도시 녹화 및 정원용 식물은 생산 기술 및 유통 규격이 표준화되지 못해 식재 공사 하자로 인한 비용이 많이 발생하고 산업의 확대가 곤란한 실정이다.

한편 독일, 네덜란드, 캐나다, 미국 등 선진국에서는 컨테이너 재배 기술이 보편화되어 수목 판매에 계절적 제한성을 극복하고 연중 수목을 판매한다. 조경수의 생산은 온실과 노지 재배로 구분한다. 첨단화된 온실에서는 종자 파종묘 또는 삽목묘를 플러그 트레이(plug tray)나 소형 컨테이너에서 자동화설비를 이용해 양묘하고, 노지에서는 컨테이너 재배와 노지 재배를 병행하여 생산한다. 일본에서도 컨테이너를 이용한 조경수 생산 체계가 보편화되어 생산농가의 소득이 증가하고 있다. 최근 중국도 국가에서 주도적으로 대규모 조경수 생산과 유통단지를 조성하여 세계 조경수 생산기지로 발돋움하고 있다.

조경수 컨테이너 재배는 노지 재배에 비해 균일한 규격과 고품질의 생산이 가능하고 수목 굴취에 전문적인 기술을 요하지 않는다. 노지 재배는 수목 굴취에 많은 인력이 동원되고 작업의 어려움으로 인해 근로자들이 기피한다. 이런 점들을 고려하면 컨테이너 재배의 도입은 필연적이다. 컨테이너에서 재배된 수목은 뿌리분의 손상 없이 식재를 할 수 있어 이식 후 활착이 용이하고 식재시기의 계절적 제약을 받지 않아 여름철 식재 등 부적기 공사의 하자를 현저히 줄일 수 있다. 또한 판매와 유통에도 운반기계 등을 활용하면 용이하게 출하가 가능하다.

이상과 같이 컨테이너 재배의 여러 이점을 이용하여 컨테이너 생산 기술이 실용화 단계까지 들어설 수 있도록 본고에서는 처음으로 조경수 컨테이너 재배를 시작하는 사람들을 위해 컨테이너 재배 방법의 전반적인 내용을 소개하고자 한다.

02 | 조경수 컨테이너 재배 기술

  조경수의 생산 방식은 크게 노지 재배(露地栽培, field nursery)와 컨테이너 재배(container nursery)로 구분한다. 노지 재배가 노지에서 자연의 기후와 같은 조건 아래서 직접 수목을 생산하는 일반적인 수목 생산 방식이라면, 컨테이너 재배는 뿌리가 용기 밖으로 나오지 않은 상태에서 재배하는 수목 생산 방식을 말한다. 용기에서 재배하므로 용기 재배(容器栽培) 또는 포트 재배라고도 한다.

노지 재배

컨테이너에서 수목을 재배하면 뿌리분의 손상 없이 식재가 가능하기 때문에 계절적 제약을 적게 받고, 뿌리의 세근 발달로 활착률이 향상되며, 식재 공사 시 하자율이 낮아진다. 일반적으로 하자율이 10% 이상 되는 동백나무, 편백, 잣나무, 계수나무, 노각나무, 때죽나무, 배롱나무 등의 하자율을 낮출 수 있다.

그리고 컨테이너를 통해 재배하기 때문에 지역의 토양 상태에 영향을 받지 않아 토양 상태가 나빠 부적합한 곳에서도 재배가 가능하다.

컨테이너 재배

컨테이너 재배 기술의 도입을 통해 규격화되고 기계화된 생산 시스템을 구축할 경우 조경수 판매에도 계절적 제한성을 극복해 계절에 상관없이 균일한 수목의 대량생산 및 판매가 가능해진다. 그리고 운송 도중이나 중간 저장 기간 동안 발생되는 건해(乾害)와 동해(凍害)의 피해가 적으며, 조경수의 생산성과 작업의 효율성을 향상시킬 수 있다. 또한 컨테이너 재배는 수목 굴취 비용을 대폭적으로 절감할 수 있어 조경수의 안정적 공급을 위한 대안으로 여겨진다.

조경 선진국가의 경우 생산 비용을 절감하고, 체계적인 재배 방법으로 조경수를 생산하기 위해 노지 재배와 컨테이너 재배를 4:6 또는 3:7의 비율로 나누어 생산하고 있다. 노지 재배와 컨테이너 재배 방식 모두 전 생산 과정이 기계화되어 있어, 자동화된 식재기계를 통해 유묘를 심고, 기계식 굴취기로 성목을 뽑으며, 잡초 제거 기계로 잡초를 제거하는 등 조경수 생산에 있어 노동력의 부담이 줄었다.

기계식 굴취기(Boomkwekerij Ebben 조경수 농장, 네덜란드)

컨테이너 운반 기기(Kessler 조경수 농장, 스위스)

컨테이너 조경수의 운반(Kessler 조경수 농장, 스위스)

잡초 제거기(Köhler 조경수 농장, 독일)

⟨노지 재배와 컨테이너 재배의 장단점⟩

구분	노지 재배	컨테이너 재배
장점	• 소량의 물이 필요하다. • 기온에 따른 뿌리 손상을 토양이 완충한다. • 일부 수목은 노지에서 생육이 좋다. • 무기 영양분이 비축되어 있다. • pH 완충작용이 좋다. • 수목이 바람에 잘 견딘다. • 잡초 제거와 병충해 방제가 용이하다.	• 노동의 강도가 낮다. • 단기간 균일한 고품질의 수목을 대량으로 생산할 수 있다. • 수목의 활착과 생육이 좋다. • 생장에 미치는 인자에 대한 조절이 가능하다. • 시장 판매가 원활하다(판매시기, 수형, 유통). • 토양의 성질에 영향을 받지 않아 부적합한 토양 조건에서도 재배가 가능하다. • 식재와 수확 시 기상 영향을 받지 않는다. • 일부 수목은 용기에서 생육이 좋다. • 무게가 가벼워 작업과 운반이 용이하다. • 사계절 생산이 가능하다.
단점	• 생장에 영향을 미치는 인자에 대한 조절이 어렵다. • 수확 시기가 한정된다. • 노동의 강도가 높다. • 단위 면적당 생산성이 낮다. • 식재와 수확 시 기상의 영향을 받는다. • 토성에 영향을 받는다(토양수분, 배수). • 분뜨기에 토양과 부식물이 소실된다.	• 초기에 시설 투자 비용이 높다. • 많은 양의 물이 필요하다. • 빠른 양분의 감소 현상이 있다. • 잡초 제거와 병충해 방제가 어렵다. • 기온에 따라 뿌리 손상이 발생할 수 있다. • 큰 용기로 수목의 이식이 필요하다. • 관리자의 재배 기술에 따라 수목의 생장에 차이가 있다.

Chapter 02

컨테이너 재배를 위한 준비

01 | 조경수 생산을 위한 농장 조성 과정

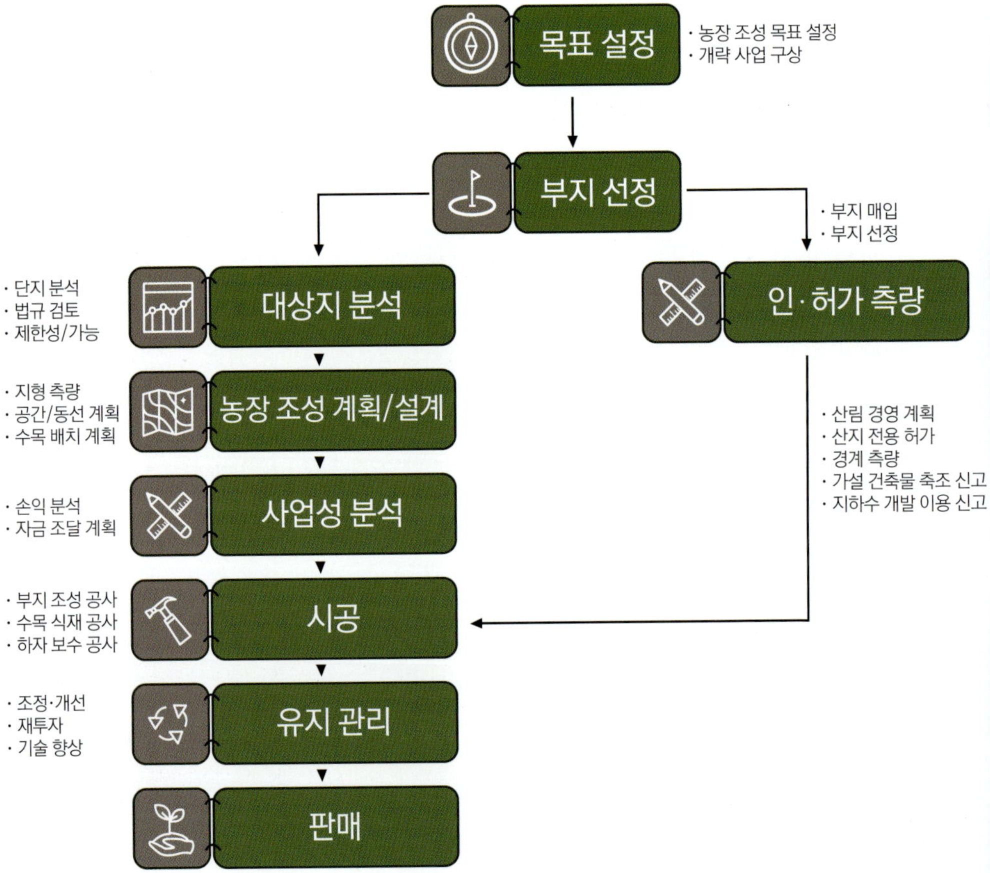

목표 설정
- 농장 조성 목표 설정
- 개략 사업 구상

부지 선정
- 부지 매입
- 부지 선정

대상지 분석
- 단지 분석
- 법규 검토
- 제한성/가능

농장 조성 계획/설계
- 지형 측량
- 공간/동선 계획
- 수목 배치 계획

사업성 분석
- 손익 분석
- 자금 조달 계획

인·허가 측량
- 산림 경영 계획
- 산지 전용 허가
- 경계 측량
- 가설 건축물 축조 신고
- 지하수 개발 이용 신고

시공
- 부지 조성 공사
- 수목 식재 공사
- 하자 보수 공사

유지 관리
- 조정·개선
- 재투자
- 기술 향상

판매

▲ 농장 조성 프로세스

일반적으로 조경수 농장 조성을 위한 프로세스는 목표 설정 → 부지 선정 → 대상지 분석과 인·허가 측량 → 계획과 설계 → 사업성 분석 → 시공 → 유지 관리 → 판매 등의 순으로 이루어진다.

사업 목표 설정

동원 가능한 자금을 고려하여 농장의 위치와 규모를 정한다. 교목류, 관목류, 초화류 등 생산할 품목과 생산 운영 방식을 개략적으로 구상한다.

교목류

관목류

초화류

부지 선정

지형

도로접근성이 좋은 위치

농장은 도시근교이고, 교통이 편리한 곳이 적합하다. 농장 조성 공사와 수목 재배 후 판매를 고려하여 차량 진입이 용이하고 접근성이 좋은 곳을 택한다.

지형은 평탄하고 남향 또는 동남향에 그늘이 지지 않는 곳이 좋다. 조경수목의 관수를 위해 농장 인근에 하천, 저수지, 계류 등이 있거나, 지하수 개발 또는 상수도 공급이 가능한 곳을 선택한다.

기후 조건은 강우량, 기온 등이 생산할 수목에 적합한 곳을 택한

묘목생산에 적합한 평탄한 포지

수목관수를 위해서는 물공급이 용이해야 한다.

다. 특히 안개 등 국지적인 미기후를 고려하여 통풍이 잘되고 겨울에 서북풍을 막을 수 있는 지형을 고른다.

토지 이용과 관련해서는 수목 농장으로 개발이 가능한 부지인지, 고압선과 같이 농장 운영에 지장물이 없는 곳인지를 검토한다.

또한 인력 동원이 용이하고 노임이 비싸지 않은 곳이어야 한다. 이상의 요소들과 사업성을 고려하여 농장 조성에 공사 비용이 적게 드는 경쟁력 있는 부지를 선정한다. 특히 산을 개간하여 농장을 조성하는 경우에는 토공사 비용이 많이 들기 때문에 면밀한 검토가 필요하다.

조경수목 농장의 계획과 설계

❶ **목표 설정** : 조경수목 농장의 규모, 성격, 계획 내용, 농장의 크기와 위치, 비용 등 농장의 기본 목표를 설정한다. 농장에 대한 여러 가지 안들을 작성한 후 이들 중에서 최종안을 선택하는 경우 판단의 기준으로 삼기도 한다.

❷ **조사 및 분석** : 농장을 계획하고 수립하는 데 필요한 자료를 수집하고 분석하는 단계로, 농장의 자연환경과 인문·사회환경을 조사한다. 자연환경 조사는 농장의 지형, 경사도, 토양, 수문, 기상조건 등을 살펴보고, 현장 조사에는 1/25,000 또는 1/5,000 지형도를 준비해 사용한다. 필요한 경우에는 지형측량을 한다.

인문·사회환경 조사에서는 토지 이용, 교통 조건, 주변도시로부터의 접근성 등을 따져본다. 이와 같이 수집된 자료는 농장 계획의 기본 구상에 초점을 맞추어 분석한다.

❸ 종합 : 조사하고 분석한 자료의 상호 관련성 및 중요성을 파악하는 단계이다. 종합적인 도면이나 표로 정리한다.

❹ 기본 구상 : 아이디어를 도출하고 계획의 기본 방향을 제시하는 단계로, 다이어그램 또는 개략적인 도면 등으로 표현한다.

❺ 구상안 제시 및 장단점 비교 : 몇 개의 구상안을 만들어 각각의 장단점을 비교하여 검토한다.

❻ 계획 및 설계 : 기본 구상과 개략적인 안을 발전시키는 단계로 기본 계획, 기본 설계, 실시 설계 등으로 나누어 진행한다. 규모가 작은 경우에는 각 단계를 통합해 수행할 수도 있다. 계획 단계에서는 토지 이용 계획, 동선 계획, 식재 계획, 시설 계획 등으로 구분한다. 각 단계의 설계가 완료되면 공사비를 산정하고 집행 계획을 수립한 다음, 사업성을 검토하여 투자 후 얻어지는 손익을 분석한다.

조경수목 농장의 인·허가

산지를 이용하여 농장을 만드는 경우에는 산림 경영 계획을 수립하고 산지 전용 허가를 받는다. 이외에도 가설 건축물 축조 신고, 지하수 개발 이용 신고 등의 인·허가 사항을 수행한다.

조경수목 농장 조성 공사

조경수목 농장은 밭을 이용하거나 산지를 개간하는 등 다양하게 조성할 수 있다. 그 중에서 산지를 일구어 농장을 조성하는 공사는 일반적으로 다음과 같이 구분하여 시행한다.

- 진입 도로 공사 : 진입 도로가 없는 경우 차량이 진입할 수 있는 도로를 개설한다.

농장 진입 도로 공사

- 부지 조성 공사 : 기존의 수목을 벌채하는 등 부지를 정지하고 작업로를 설치한다.

부지 조성 공사

- 기반 시설 공사 : 지하수를 개발하고 배수로를 설치하며, 비탈면을 처리하거나 필요한 전기 시설을 배치한다.

배수를 위한 수로 공사

• 수목 식재 공사 : 식재 위치를 표시하고 수목을 식재한다.

식재 지반 조성 공사

식재 공사

• 건축 시설 공사 : 관리사무소, 온실, 창고 등을 설치한다.

관리사무소 건립 공사

온실·창고 설치 공사

02 | 컨테이너 재배를 위한 포지 선정과 설계

컨테이너 재배를 위한 포지 선정

컨테이너 재배를 시작하려면, 먼저 컨테이너 수목 재배가 가능한 포지를 선정해야 한다. 포지 조성 이후에 설계를 변경하면 비용이 많이 발생하기 때문에, 사전에 필요한 재배 면적을 충분히 계산한다. 또한 중도에 포지를 변경할 수 있는 가능성도 염두에 두어 고정된 시설은 가능한 자제한다.

컨테이너 재배는 노지 재배와는 다르게 포지 내 토양 상태에는 영향을 받지 않는다. 따라서 토양 상태가 좋지 않은 곳에서도 재배가 가능하기 때문에 노지 재배에 비해 포지 선택의 폭이 넓은 편이다.

❶ 포지 위치 선정 시 고려 사항
- 교통이 편리하고 관리하기 용이한 곳을 택한다.
- 고정 포지는 작업의 기계화를 감안하여 동력원(전력)의 확보 등을 염두에 두고 선정한다.
- 묘포 작업은 춘계와 추계에 많은 노동력이 필요하여 인력 동원

의 용이함을 고려한다.
- 대면적의 묘포를 설치할 경우 노동력이 풍부한 곳에 묘포를 선정한다.
- 묘포에서는 묘목 생장의 기본 요소인 수분의 공급 조절이 절대 요건으로, 관수가 용이한 곳을 선택한다.
- 고정 묘포는 관수 시설을 반드시 설치한다.

❷ 포지 소요 면적 계산
- 묘포 소요 면적은 육묘용 포지와 도로 부속 건물 등 부대 시설의 면적을 고려하여 결정한다.
- 육묘용 포지는 생산묘의 종류, 생산 예정 본수, 생산 기간, 이식 횟수 등에 따라 좌우한다.

계	육묘 포지	방풍림	도로	부속 건물	기타	비고
100	64	9	8	5	14	기타는 퇴비장, 수로 등 묘포 경영을 위한 소요 면적

컨테이너 재배를 위한 포지 설계

컨테이너 포지를 설계하기 위해서는 작업로 설치, 식물 재배 포지의 분할, 면적의 크기 선택, 물의 관수 및 배수 시설, 운반 편의성, 안전성, 청결도, 관리의 효율성 및 포지의 이용도 등을 고려한다.

작업로 및 통로의 폭에 대한 표준적인 기준은 없으나, 왕래가 잦은 작업로는 컨테이너 설치와 운송이 편리하도록 설치하고, 가급적이면 주변에 통로를 만들어야 한다.

작업로는 농기구나 운반기계 등의 운행이 원활하고, 반대 방향의 운행도 고려하여 수목의 임시 보관이 가능하도록 설계한다.

수목의 재배 면적을 보다 더 넓게 확보하기 위해서는 가능한 포지의 중간에 통로를 만들지 않는 것이 바람직하다. 컨테이너 사이를 자유로이 통행할 수 있고, 컨테이너를 밀집하여 재배해야 하는 수목이 아니라면 반드시 중간 통로를 설치할 필요는 없다. 대형 컨테이너의 경우에도 2~3줄로 간격을 좁게 배열하면 충분히 통로 확보가 가능하다.

❶ 일반 묘포 구획

- 양묘용 포지는 보통 장방향으로 너비 1m, 길이 10m 또는 20m

차량 이동을 고려하여 설치한 주도로와 부도로

로 구획한다(한 구획에 200~300㎡).
- 운송차량의 통행을 위해 4m의 주도로를 설치하며 이에 직각으로 2m 폭의 부도로를 계획한다.
- 묘포 작업로는 제초 작업 등을 고려하여 0.4~0.5m로 구획한다.
- 묘상의 방향은 동서로 길게 하는 것이 좋다.

❷ 기계화 묘포 구획

- 묘포 사업(양묘)의 기계화는 농촌의 노동력 부족, 생산비 절감, 작업 능률의 향상 등의 해결을 위해 반드시 필요하다.
- 기계화 작업을 위한 묘포 구획은 모든 구획선을 직선으로 하고, 형태 역시 정방형 또는 장방형으로 조성한다.

호주 Andreasens Green 컨테이너 재배 농장의 도로

❸ 부대 시설

- 고정 묘포에는 묘포 관리사, 기상 관측장, 농기계 및 기계 장비 창고, 종자 저장고, 퇴비장, 야외 화장실, 도로 시설, 방풍림, 관계 배수 시설 등을 부수적으로 설치한다.

장비 보관 창고(Harry Menkehorst 조경수 농장, 네덜란드)

03 | 컨테이너 재배를 위한 용기 준비하기

조경수 재배를 위한 컨테이너 용기

컨테이너 용기를 통해 수목의 생육 조절이 가능하기 때문에 농장 관리자는 수목의 형태와 크기, 재배 상토, 생육 환경 및 생육 기간 등을 고려하여 수목에 적합한 용기를 선택한다.

부서지지 않는 뿌리분 상태

이미 여러 종류의 형태와 재질 및 크기의 용기가 컨테이너 재배에 쓰이고 있는데, 다음과 같은 점을 주의해야 한다. 컨테이너를 땅속에 묻어 재배할 경우에도 수목의 뿌리는 컨테이너 밖으로 나오지 않아야 하며, 컨테이너에서 식물을 분리했을 때 뿌리분이 부서지지 않고 뿌리가 잘 발달되어 있어야 한다. 또한 컨테이너 내부를 따라 옆으로 돌아가는 형태의 나선형 뿌리가 발생되지 않도록 해야 하는데, 비정상적인 나선형 뿌리가 많은 조경수는 식재 후에도 지속적으로 뿌리가 나선형으로 자라 수목의 활착 및 생육에 큰 지장을 받으므로 유의해야 한다. 그러므로 컨테이너 재배를 할 경우 나선형 뿌리가 적게 발생하는 용기의 사용이 필요하다.

공기 단근(요철형) 컨테이너

일정한 규격의 성목으로 키우려면 수목의 생육 단계별로 큰 용적의 컨테이너로 이식하고, 수목의 종류에 따라 노지에서 2~3년 정도 생육한 후 다시 컨테이너로 옮기는 생산 방법을 응용한다.

　컨테이너 용기는 압력을 주었을 때 구멍이 나지 않을 정도의 내구성이 필요하고, 손이나 기계로 사용이 가능하며, 특히 수목을 분리할 때 발생되는 문제가 없어야 한다.

플라스틱 컨테이너

일반적으로는 단단한 재질의 플라스틱 컨테이너와 부직포 컨테이너 등이 많이 사용되고, 대형 수목을 재배할 경우에는 목재 컨테이너가 사용되기도 한다.

부직포 컨테이너

대형 목재 컨테이너

컨테이너 재배를 위한 용기의 형태 및 특징

❶ 유묘 재배용 컨테이너 용기

오늘날 포트(Pot)에 많은 식물들을 재배하는 이유는 컨테이너에 이식이 가능하고 나근묘로 노지에도 식재가 가능한 점 때문이다. 일반적으로는 직경 7~8cm 포트를 많이 사용하는데, 어린 묘목을 판매가

조경수목의 유묘 재배

소형 포트

가능한 크기에 맞추기 위해서 큰 컨테이너에 재배하기도 한다. 컨테이너의 크기는 식물의 종류와 번식 방법에 따라 정해지는데, 컨테이너의 직경 7~8cm 포트에는 키가 6~9cm의 유묘를 식재한다. 이보다 더 작은 유묘는 플러그 트레이 등을 이용한다.

  플라스틱 용기 : 플라스틱 용기는 가장 많이 사용하는 재료 가운데 하나로, 가볍고 사용이 편리하다. 또한 기계화 및 자동화가 가능하고, 토양이 건조되는 위험성이 적다. 보통 손으로 쉽게 잡을 수 있고, 용기를 포개어 놓기가 쉬우며 상대적으로 견고한 사각 형태가 널리 쓰인다. 그러나 플라스틱 용기의 원재료 가격이 날로 상승하고 있기 때문에, 재활용이 가능하면서 저렴한 새로운 재료의 개발이 요구되는 실정이다.

플러그 트레이 24공/24공/50공   플러그 트레이 32공/40공/105공

이탄화분

이탄화분 : 이탄을 압축하여 만든 용기로, 유묘의 뿌리가 통과할 수 있고 토양에 용기째 이식이 가능하다. 이탄화분은 운반이 용이하도록 팔레트에 포장하여 제공되는데, 이식 직전에 많은 양의 물을 관수해야 한다. 그러나 플라스틱 용기에 비해 내구성이 떨어져 운반에 불리하고, 재활용이 불가능하기 때문에 어린 묘목에 한하여 사용된다.

지피포트(Jiffy-Pot) : 피트모스를 주재료로 만든 일회성 화분으로, 가격이 저렴하여 어린 묘목의 접목이나 삽목용으로 쓰인다. 다른 화

지피포트

분에 옮겨 심지 않아도 유묘의 뿌리가 잘 발달되어 나근묘 형태가 되는데, 삽목용 트레이보다는 자리를 많이 차지한다.

❷ 성목 재배용 컨테이너 용기의 재료별 분류

플라스틱 컨테이너 : 조경수 생산 및 유통 과정에서의 내구성과 컨테이너 수목의 재배 특성을 고려해 제작된 플라스틱 컨테이너는 비교적 저렴하고 대량생산이 가능하여 컨테이너 재료 중에서 가장 많이 사용된다. 그러나 컨테이너에서의 재배 기간이 길어질 경우 나선형 뿌리(spiral root) 현상이 발생하여 수목의 생장에 장애를 주기 때문에 일정 기간 이후에는 더 큰 컨테이너로 이식해야 한다. 이러한 문제를 개선하려고 조경수 컨테이너 재배용으로 다양한 형태의 특수 용기들이 개발되고 있다. 수목 재배용 전용 컨테이너는 컨테이너 내부에 융기선과 개구선이 설계되어 나선형 뿌리 현상을 방지하고, 세근 발달을 촉진하도록 만들어진 것이 특징이다.

플라스틱 컨테이너 용기

- 제품명 : CH-컨테이너

CH-7(22L)　　CH-10(36L)　　CH-15(52L)

- 제품 규격 및 단가

2018년도 기준

호수	직경(mm)	높이(mm)	부피(L)	단가(원)
CH-5T	250	300	12	4,500
CH-7	330	280	22	6,000
CH-10	450	302	36	9,000
CH-15	465	340	52	12,000
CH-20	495	435	73	16,000

- 제품 판매처 : 조이가든센터(www.joygarden.co.kr)

- 제품의 특징

• 내구성이 좋아 재활용이 가능하다.

• 일반 화분에서 크기를 확대한 컨테이너로, 가정에서 수목 식재에 편리하게 이용이 가능하다.

• 블루베리 재배용 컨테이너로 많이 사용한다.

부직포 컨테이너 : 다공질로 이루어진 부직포를 생산해 만든 컨테이너로, 노지 재배방식과 컨테이너 재배방식의 절충형이다. 부직포 컨테이너는 휘돌아 감는 나선형 뿌리 현상을 예방하고, 컨테이너 재배의 단점인 근권 내부의 수분과 양분의 유통이 원활한 편이다. 다만, 뿌리의 제어 효과는 플라스틱분에 비하여 떨어진다. 최근 일본에서는 옥수수, 감자, 볏짚 등에서 추출한 폴리 유산으로 만든 친환경적인 부직포 컨테이너를 개발했다. 토양 내 온도 및 습도의 조건이 충족되면 미생물에 의해 분해되는 컨테이너로, 이를 이용하여 농가에서는 3m 내외의 수목을 생산한다.

부직포 컨테이너를 이용한 다양한 재배

목재 컨테이너 : 대형수목의 뿌리돌림 후 이식 활착을 높이기 위해 주로 사용되는 목재 컨테이너는 크기를 현장에서 제작하여 조정하고, 해체가 용이한 장점이 있으나 생산 비용이 많이 든다. 따라서 주로 가격이 높은 특별한 수목을 이식할 경우에만 사용한다.

목재 컨테이너를 이용한 재배

대형 목재 컨테이너를 이용한 재배

04 | 컨테이너 재배를 위한 토양 준비하기

컨테이너 재배에 이용되는 토양

컨테이너 재배에는 일반적으로 배양토로 조제한 상토를 이용한다. 배양토는 용기에 채울 흙의 자재 하나하나를 말하고, 상토는 이 배양토를 여러 비율로 섞어 만든 양묘용 흙을 말한다. 배양토의 경우 토양의 물리성, 산도(pH), 영양 염류 및 수분 흡수량, 염류 함량(EC) 및 유해 물질 함량 등이 중요하다. 배양토의 수급 문제 및 가격을 고려하여 용도에 맞는 흙을 준비한다.

배양토

① 피트모스

늪의 식물이 습지 바닥에 퇴적되어 산소가 부족한 상태에서 부분적으로 부식된 토양으로, 캐나다·아일랜드·독일·미국·러시아 등지에서 많이 생

산되고, 현재 상토의 유기물 자재로 가장 많이 이용된다.

피트모스는 부피의 89% 정도가 수분을 함유하는 조직이고, 물과 공기가 이상적인 비율로 함유됨에 따라 통기성 및 보수력이 우수하다. 양이온을 치환하는 용량이 커서 보비력이 좋고, 상토 내에서 유기물 분해가 느리게 일어나 이화학적 특성이 오랫동안 유지된다. 질소 성분만 약간 함유되어 있고, 인산과 칼리 성분은 거의 없다. 따라서 분해 과정에서 무기성분의 용출이 많지 않아 시비 조절이 쉽다. 해충 및 잡초 종자 등이 없고 가벼워 취급하기 용이하며, 섬유질상이라 자체 결합력도 좋은 편이다. 산도는 pH 3.2~5.5로 낮지만, 조정 후에는 안정된다. 다만, 토양과 친화력이 낮아 혼합할 경우 3~4일 동안은 수분 관리가 필요하다. 건조할 때 중량의 16~24배의 수분 흡수력이 있는 것, pH가 3.58~5.5 범위인 것, 건물 1m³의 중량이 450~900kg인 것, 입도 1mm 이하가 70% 이하인 것이 좋다.

❷ 펄라이트

화산의 용암 지대에서 캐낸 회백색의 진주암을 870℃ 정도의 고온에서 가열하여 원부피의 10배 이상으로 팽창시켜 만든 토양이다.

펄라이트의 pH는 6.5~7.5 범위이고, 비료 성분은 전혀 없다. 무게가 가벼워 토양 표면에서 이동하기 쉬

우나 다른 재료와 혼합하여 사용하면 토양의 통기성과 보수력을 향상시킨다. 무균이므로 파종에 적합하고, 오랫동안 습기를 유지해 이식 수목의 활착에 좋은 편이다.

❸ 버미큘라이트

마그네슘과 철이 함유된 질석으로 760℃ 정도의 고온으로 가열하여 원부피의 15배 이상으로 팽창시켜 만든 토양이다.

버미큘라이트의 산도는 pH 7 정도로 중성이고, 칼륨 6%와 마그네슘 20%가 함유되어 있다. 가볍고 보수력이 좋으며, 균이 없어 파종, 삽목, 실내 조경용 토양으로 많이 쓰인다.

❹ 코코피트

코코넛 열매에서 섬유, 유지, 과즙 원료를 채취하고 남은 부산물로, 국내에서는 야자 톱밥이라고도 부른다.

코코피트는 매우 가볍고 통기성, 보수력, 보비력이 좋아 식물의 생육에 유용하게 활용된다. 또한 리그닌

과 탄소질의 셀룰로스, 펙틴의 함량이 높아 미생물에 의한 분해가 느려 장기간 사용할 수 있고, 후에도 유기물로 환원이 가능하다.

최근에는 공정 육묘를 위한 자동화 시스템(기계화)의 필요성이 대두됨에 따라서 코코피트를 이용하는 농가가 증가하였다.

❺ 바이오차

산소가 차단된 조건에서 바이오매스를 열분해(200~1,000℃)하여 생성된 고형물이다.

바이오차는 토양의 산성화를 방지하고, 물리성 회복에도 도움을 준다. 기공 형성으로 수분 손실을 저하시키며, 미생물의 주거지를 제공하여 pH 증가, 양이온 교환 능력을 증가시킨다.

❻ 제올라이트

실리콘(Si)과 알루미늄(Al)으로 이루어진 다공성의 결정이다.

제올라이트는 강한 산성 물질로, 토양의 산도를 교정하며 염기를 분해한다. 보수력과 보비력을 높이고, 토양 내 잔류 농약과 중금속 등을 중화시킨다.

❼ 부엽토

풀과 나뭇잎 등이 썩어서 이루어진 토양으로, 일반적으로 원예에서 많이 사용한다. 침엽수의 경우에는 입고병 등이 발생할 수 있어 살균제로 처리하거나 훈증 처리를 한 후 쓴다.

부엽토에 포함된 질소는 토양 내에서 서서히 분해되므로 식물에 지속적으로 질소를 공급할 수 있다. 따라서 토양의 보비력을 증가시키고, 토양의 산성화를 억제한다.

또한 퇴비 속의 유기물은 토양 내에서 미생물의 작용에 의해 부식질을 형성하는데, 이 부식질은 토양의 보수력을 증가시키고 토양의 물리성을 향상시켜 토양의 경운을 돕는다.

❽ 마사토

화강암이 풍화되어 생성된 토양으로, 풍화의 정도에 따라 바위에 가까운 것에서부터 실트, 점토와 같은 세립토까지 광범위하다.

마사토는 입경에 따라 조립(3mm), 중립(3~1mm), 세립(1mm)으로 구분한다. 일반적으로 투수성이 높다.

상토

상토는 각종 배양토를 여러 가지 비율로 섞어 만든 흙을 말한다. 배양토의 혼합비에 따라 여러 가지 특성을 보이는데, 산림청 국립산림과학원에서는 유묘 컨테이너에서 재배할 때, 피트모스와 버미큘라이트, 펄라이트를 1:1:1로 혼합한 상토가 수목의 생장에 도움을 준다고 밝혔으며, 국립한국농수산대학의 연구진은 시중에서 판매되는 수목 재배용 상토(코코피트 50~60% 함유) 또한 수목생장에 적합한 것으로 보고하였다.

❶ 국내에서 판매되는 원예용 상토

○제품명 : 바이오생생상토

- 제품 판매처 : ㈜팜한농
- 제품의 특징

- 유기물 원료인 피트모스 및 코코피트와 무기물 원료인 제오라이트를 적절히 혼합하여 완충력이 높다.
- 양분을 잡을 수 있는 능력을 높여 양분 용탈을 최소화한다.
- 육묘 중반까지 필요한 양분이 함유되어 있다.

- 성분

코코피트	피트모스	제오라이트	펄라이트	pH조절제
49.501%	33%	5%	12%	0.3%

습윤제	비료
0.014%	0.185%

○ 제품명 : 명품골드

- 제품 판매처 : (주)서울바이오
- 제품의 특징

- 코코피트와 피트모스의 조화로운 배합으로 어떤 상황에서도 균일하고 안전한 생육을 도모하는 전문가용 상토이다.
- 다단계 소독 공정, 엄선된 소재만을 기술적으로 배합하여 육묘 중 각종 병해에 안전하며 관수 시 물 분포가 좋고 탁월한 통·배수성을 갖춰 균일성이 뛰어나다.
- 각종 생리활성 항균물질을 처방하여 노화 방지, 환경 적응력이 높아, 육묘 중 생리 장해 경감은 물론 정식 후 포장 적응성이 좋다.
- 균형있는 유기 및 무기 양분 소재의 배합으로 완충성과 근균(셀) 형성이 우수하고 수분 조절이 용이하다.

- 성분

코코피트	피트모스	제오라이트	펄라이트	질석
30%	42%	5%	3%	5%
pH조절제	습윤제	비료	pH EC	EC
0.024%	0.018%	0.08%	5.5~7.0	0.35 (±0.15)
질산태 질소	암모니아태 질소	유효 인산	CEC	기타
60~180	100 이하	150~250	5~20	K, Ca, Mg, Fe, Cu, Zn, B 등 함유

○제품명 : 원예범용

- 제품 판매처 : ㈜팜한농
- 제품의 특징

- 엄선된 양질의 원료를 사용하므로 제품의 품질이 균일하다.
- 상토가 가볍고 입자가 균일하므로 작업이 편리하다.
- 적정산도 및 비분을 유지하여 입고병 및 생리 장해를 예방한다.
- 뿌리 발육이 우수하여 정식 시 적응성이 좋다.
- 물리성과 이화학적 성질이 우수하여 정식 후 뿌리 활착이 빠르다.
- 각종 생리활성 물질을 처방하여 환경적응력이 우수하다.

- 성분

코코피트	피트모스	제오라이트	펄라이트	pH조절제
49.501%	33%	5%	12%	0.3%

습윤제	비료
0.014%	0.185%

○제품명 : 늘푸른상토

- 제품 판매처 : 늘푸른
- 제품의 특징

- 발효 가공 처리되어 유기물이 함유되어 있다.

- 토양을 비옥하게 하여 성장이 빠르고 꽃과 열매를 탐스럽게 하는 분갈이, 조경용 발효수피이다.
- 경량제품으로 옥상조경이나 대형 화분 작업시에 용이하다.
- 성분

pH	ECO	CEC	유기물
6.5	45	75me/100g	90%

○ 제품명 : 대지생명정

- 제품 판매처 : ㈜대지개발
- 제품의 특징

- 부엽토 100% (20kg)
- 단시일 내 발근으로 뿌리 활력을 조기 착근, 생장 효과가 탁월하다.
- 부적기(하절기)에 식재(이식)하여도 정상착근, 활착 생장한다.
- 유기질 함량이 50%이고 N·P·K 성분들이 장기간에 걸쳐 완효성으로 식물에 흡수된다.
- 단일로 사용하거나 대지생명정:마사토=7:3으로 혼합하여 사용한다.

Chapter 03

컨테이너 재배 과정과 방법

01 | 개요

    조경수목의 재배 공정은 종자를 이용한 실생 번식 또는 삽목과 접목을 이용한 영양 번식으로 시작하여 유묘와 성목으로 육성한 후, 이를 생산하고 관리하여 출하하는 과정으로 이루어진다. 노지 재배와 컨테이너 재배의 생산 공정은 체계가 서로 다르다.

    컨테이너 재배에는 다음과 같은 재배 방식이 있다. 첫째, 수목의 성장 단계에 맞추어 작은 용기에서부터 점차 큰 용기로 옮겨서 재배하는 방식이다. 둘째, 작은 용기 또는 노지에서 중형으로 성장한 수목을 컨테이너에 옮겨 2~3년간 재배하는 방식이다.

    이와 같은 생산 방식은 각 생산 단계에서 뿌리 발달이 촉진되어 세근을 많이 발달시킨다. 성목으로 출하하기 전 1년 이상 컨테이너에서 재배된 수목은 식재 공사 시 활착률이 촉진되어 수목의 하자를 줄일 수 있다.

동물 피해 등 수피 보호를 위한 수피보호대를 사용한 노지 재배

공기 단근 컨테이너를 사용한 컨테이너 재배

네덜란드 농장의 플라스틱 컨테이너 용기에 재배하는 방식

마가목 유묘를 베드에 재배하는 방식

02 | 유묘 생산 과정

 일반적으로 조경수를 컨테이너에서 재배할 때는 어린 묘목을 육묘장에서 구입하여 노지에서 일정 기간 기른 후 컨테이너로 이식하는 방법을 선호한다. 그러나 일부 조경수 농장에서는 종자를 노지에 직접 파종하여 기른 후 사용하기도 한다.

 조경수의 번식 방법은 크게 종자 번식(sexual propagation)과 영양

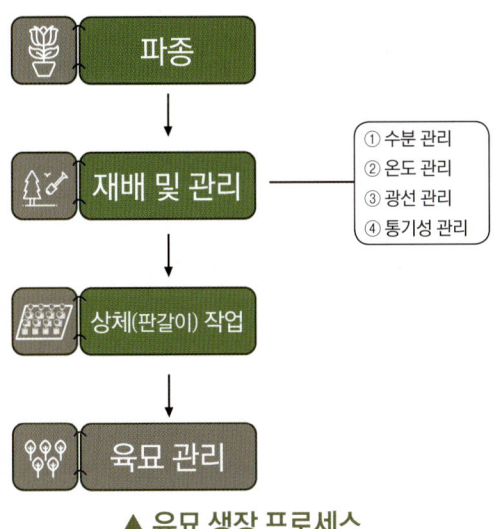

▲ 유묘 생장 프로세스

번식(vegetative propagation)으로 구분한다. 종자 번식은 종자를 토양에 직접 파종하기 때문에 대량으로 번식할 수 있고, 거의 모든 조경수가 번식이 가능하다. 튼튼한 유묘를 얻기 위해서는 충분히 성숙되고 생명력이 강하며, 발아율 및 발아세가 우수한 우량한 종자를 선별하여 파종한다.

파종 시기 및 방법

조경수의 파종 시기는 종자의 종류와 용도에 따라 다르지만 일반적으로 3~4월(봄)이나 6~7월(초여름) 또는 8~9월(늦여름)에 파종하는 것이 유리하다.

파종 방법에는 포장에 직접 파종하는 직파(field sowing)와 파종상

파종상의 준비

복토하기

에 파종하는 상파(bed sowing)가 있다. 종자가 크고, 유묘의 생육이 빠른 종자는 직파하는 방법이 유리하고, 유묘의 생육이 느리고 세력이 약한 종자는 상파하는 방법이 유리하다.

종자를 직파하는 경우에는 흩어뿌리기보다 줄뿌리기 또는 점뿌리기가 효과적이며, 포장을 경운하고 이물질을 제거한 후 토양을 고르게 정리하여 이랑을 만들어 파종하는 것이 생육에 좋다.

종자의 파종량은 조경수의 종류에 따라 차이가 있지만 발아율이 높은 종자는 1립씩 파종하며, 종자가 큰 대립 종자는 2~3립, 소립 종자는 8~12립을 파종하는 것이 적당하다.

종자를 파종한 후에는 토양이 빨리 건조되는 것을 방지하기 위해 짚이나 흙 등으로 피복(mulching)하고, 파종상에 종자를 파종할 때에는 파종상을 채광 및 통풍이 잘 되는 곳에 설치한다.

나무나 플라스틱 파종 상자를 이용할 때는 자갈이나 모래를 깔아 배수층을 만들고, 용토는 밭흙, 부엽토, 피트모스 또는 마사토를 적당한 비율로 혼합하여 사용한다. 종자의 크기에 따라 파종을 한 후 복토를 하지 않거나 흙으로 얇게 덮어 주는 것이 수분 관리 및 종자 호흡에 유리한 경우도 있다.

재배 및 관리

파종 후 종자가 고르게 발아하여 유묘의 초기 생장을 왕성하게 하려면 수분, 온도, 광선 및 통기의 관리 등이 중요하다.

❶ 수분 관리
- 종자는 외부로부터 수분을 흡수하여 내부의 생리작용이 활발해지므로 종자발아기간 동안 지속적인 수분 유지가 필요하다.
- 파종상의 수분을 고르게 유지하기 위해 피복을 해주어야 한다.

❷ 온도 관리
- 조경수의 종류에 따라 발아적온이 다르므로 최적의 온도조건이 요구된다.
- 온대지역에서는 일반적으로 15~20℃ 정도에서 발아한다.
- 온도조건은 발아와 묘의 생장에 크게 영향을 주므로 적절히 온도를 조절한다.

❸ 광선 관리
- 발아한 후 정상적인 생육을 위해서는 광선이 필요하며, 강한 광선은 유묘에 피해를 주므로 적당한 차광이 필요하다.
- 수종에 따라 광선은 종자의 발아 및 생장에 영향을 준다. 자작나무, 오리나무, 버드나무, 오동나무 등은 발아할 때 광선이 반드시 필요하다.

❹ 통기성 관리
- 종자가 발아할 때 산소를 흡입하여 호흡을 하므로 가스교환이 원활해야 한다.
- 파종상의 토양 표면이 딱딱해지거나 과수분 상태가 되지 않도록 해야 한다.

상체(판갈이) 작업

상체 작업이란 파종상에서 기른 묘목을 다른 묘상으로 바꾸어 이식하는 작업을 말한다. 일반적으로 상체 작업은 봄철 묘목이 생장을 시작할 때 수형과 규격을 고려하여 적절한 기간을 두고 정기적으로 실시한다. 상체 작업 시 뿌리를 일정한 길이로 잘라주면, 세근 발달로 인해 묘목이 건강하게 생장한다.

종자 파종 후 상체 작업한 수목

육묘 관리

상체상의 묘목은 파종상의 묘목과 마찬가지로 수분, 온도, 광선, 통기성, 제초, 시비, 병충해 관리 등을 통해 묘목이 잘 생장하도록 육묘한다.

제초, 시비, 병충해 방제 등 육묘 관리

컨테이너 유묘 육묘

03 | 성목 생산 과정

일반적으로 성목의 컨테이너 재배를 위해서는 재료 준비, 흙 채우기, 수목 앉히기, 물 주기, 비료 주기, 멀칭(mulching) 등의 작업이 필

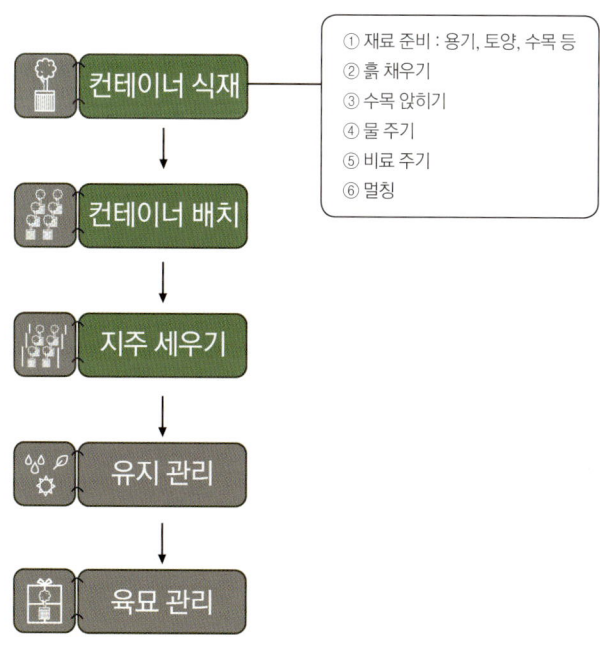

▲ 성목 생장 프로세스

요로 한다. 이는 수목의 활착 및 생육을 위한 작업으로, 컨테이너 식재 과정과 컨테이너 배치, 지주 세우기 등의 과정이 포함된다.

컨테이너 식재

❶ 재료 준비

용기 : 수목의 형태와 크기, 생육 상토, 생육 환경 및 생육 기간 등을 고려하여 수목에 적합한 용기를 준비한다. 용기의 크기는 근원 직경의 4~5배 이상을 기준으로 선택한다.

국내에서 개발된 수목 재배용 컨테이너

토양 : 토양의 물리성, 산도(pH), 영양 염류 및 수분 흡수량, 영양

원예용 상토

 염류 함량, 염류 함량(EC) 및 유해 물질 함량, 배양토 재료의 수급 문제 및 가격 등을 고려하여 피트모스, 펄라이트, 버미큘라이트, 코코피트 또는 시판하는 원예용 상토를 준비한다.

 수목 : 노지에 이식하여 일정 기간 동안 생장된 수목은 컨테이너로 옮기기 위해 수목의 뿌리가 상하지 않도록 굴취 준비를 한다.
 목본류의 경우 인력을 쓰거나 장비를 사용하여 굴취하는 방법이 있는데 먼저 녹화 마대 등을 이용하여 분을 감싼다. 표준적인 뿌리분의 크기는 근원 직경의 4배를 기준으로 하며, 분의 깊이는 세근의 밀도가 현저히 감소된 부위로 한다.

묘목

수목 굴취 장비(Tree digger)

수목 굴취 장비 규격별 날의 형태

수목 굴취 장비(Tree spade)

수목 굴취 전용 장비를 이용한 수목 굴취

 인건비를 절약하려면 수목 굴취기를 사용하는 방법이 효율적이다. 해외에서는 대부분 굴취기를 이용하며, 수목의 규격에 따라 날의 크기를 달리 한다.
 조경수를 이식하는 적기는 수목의 종류에 따라 약간의 차이는 있지만 컨테이너 재배의 경우, 시기에 관계없이 이식이 가능하다. 다만 무더운 여름이나 추운 겨울은 피하는 것이 좋다.
 뽑아낸 조경수를 컨테이너에 이식하기 전에는 직사광선이나 건조한 공기 또는 바람으로 인해 받는 스트레스를 최소화하기 위해서 나무 전체를 가마니나 부직포로 덮고 물을 가볍게 뿌려준다.

배양토의 혼합

❷ 흙 채우기

컨테이너 용기가 바람에 의해 넘어지는 것을 방지하기 위해서는 상토와 마사토를 약 7:3 정도의 비율로 혼합하여 사용한다.

노지와 컨테이너에 사용되는 토양이 다르므로 피트모스:펄라이트:질석을 1:1:1로 혼합한 배양토를 이용하면 이식 스트레스를 최소화할 수 있다.

❸ 수목 앉히기

- 컨테이너에 수목을 이식하기 위해 잘 혼합된 토양을 먼저 컨테이너에 넣는다.
- 수목을 컨테이너에 앉히고 방향을 정한다.

수목 앉히기

- 토양을 뿌리분 높이의 1/2 깊이로 넣은 후 수목의 방향을 재조정한다.
- 다시 토양을 구덩이 깊이의 3/4까지 넣은 후 정돈한다.
- 토양의 높이와 뿌리분의 높이가 일치하도록 조절한다.

❹ 물 주기

- 수목 앉히기 후, 물을 식재구덩이에 붓고 삽으로 흙 속의 기포를 제거하여 흙이 뿌리분에 완전히 밀착되도록 한다.
- 고인 물이 완전히 흡수된 후에 흙을 추가하여 토양의 높이와 뿌리분 윗부분의 높이를 일치시킨다.
- 식재 후 점적 관수 등을 통해 주기적으로 물을 준다.
- 유기질액비는 물을 줄 때 함께 관주한다.

❺ 비료 주기

근원 직경(cm) 구분	5	10	15	20	30	40	50	60	70	80	90	100
유기질 비료(kg)	6	10	20	30	45	45	45	45	45	45	45	45
복합 비료(g)	30	50	100	120	150	150	150	150	150	150	150	150

※ 자료 : 조경공사적산기준(2010) p.338

❻ 멀칭

나무껍질(바크), 코코피트, 부직포, 짚, 마사토 등을 표면에 덮어 컨테이너 용기에 잡초가 생기지 않도록 한다.

나무껍질(바크) 멀칭

코코피트 멀칭

컨테이너 배치

컨테이너를 어떻게 배치하느냐에 따라 생산 효율 및 품질 관리에 큰 영향을 미친다. 재배 시설의 상황과 수목의 생장 차이 및 판매 목적 등을 고려하여 컨테이너의 배치 간격을 설정한다. 조경수의 생장에 따라 수관 폭이 점차 넓어지는 것을 고려하여 컨테이너를 배치한다.

컨테이너 배치 전(위), 후(아래)

지주 세우기

❶ 컨테이너 지주

컨테이너 내에서 수목이 바람이나 외부 충격에 쓰러지지 않도록 단각지주를 설치하고, 컨테이너가 넘어지지 않도록 연결지주를 설치한다.

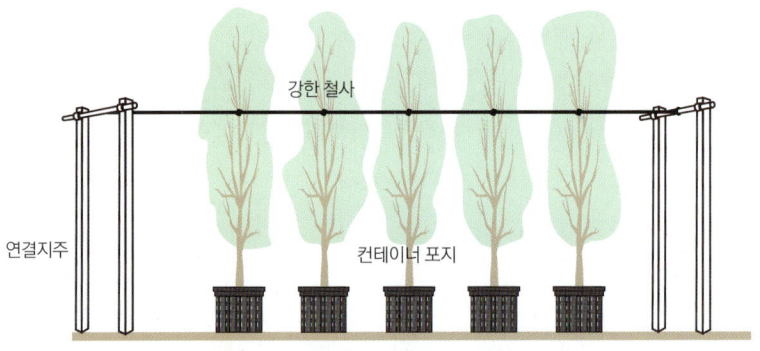

컨테이너 지주

컨테이너 단각지주(Hils-koop 조경수 농장, 독일)

컨테이너 단각지주(Brossmer 조경수 농장, 독일)

컨테이너 단각지주(Harry Menkehorst 조경수 농장, 네덜란드)

컨테이너 연결지주(Kessler 조경수 농장, 스위스)

❷ 컨테이너 고정을 위한 장치

컨테이너에 재배되는 수목은 바람에 쉽게 넘어질 수 있기 때문에 이를 방지하기 위하여 다음과 같은 고정 장치를 사용한다.

- 강철 고리를 이용한 고정 장치
- 시멘트 블록이나 강철로 제작된 바둑판 모양의 틀을 이용한 고정 장치
- 플라스틱 재질의 받침을 땅에 고정하고 상단에 용기를 꽂아 쓰는 장치
- 플라스틱 팰릿(pallet)에 컨테이너를 고정시키는 장치

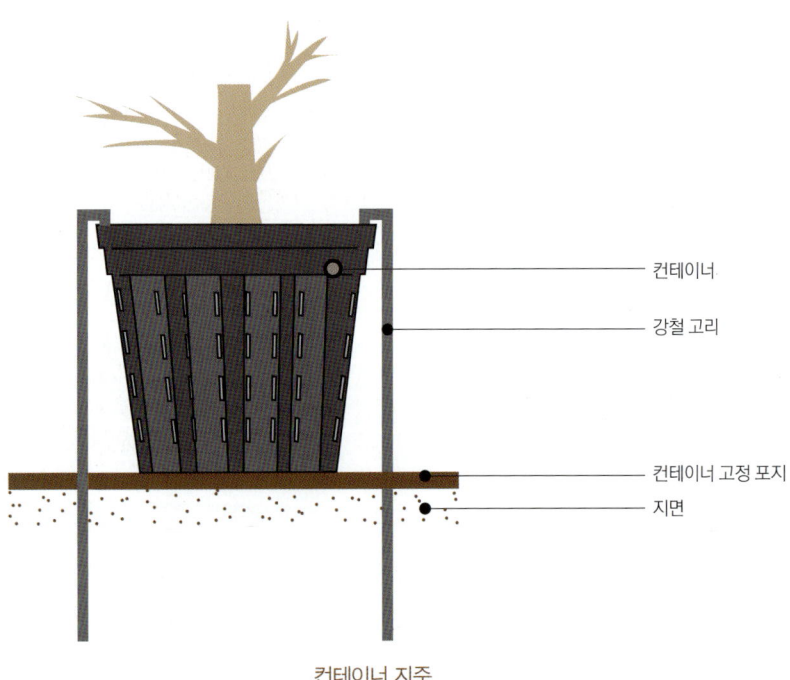

컨테이너 지주

강철 고리를 이용한 컨테이너 고정 장치(Köhler 조경수 농장, 독일)

시멘트 블록, 강철로 제작된 바둑판 모양의 컨테이너 용기 받침대(Köhler 조경수 농장, 독일)

풍해 방지 용기 받침대(Hügle 조경수 농장, 독일)

플라스틱 팰릿을 이용한 용기 받침대(Köhler 조경수 농장, 독일)

04 | 컨테이너 재배 형태

조경수 컨테이너의 재배 형태는 설치 위치에 따라서 지면을 기준으로 지상형과 지중형으로 구분한다.

지상 재배

지상 재배는 컨테이너를 지상에 노출시켜 재배하는 방법으로, 외부 충격이나 바람으로 인해 컨테이너 용기가 쓰러질 수 있으며, 온도

에 따른 영향을 받아 피해를 입을 수 있다.

지중 재배

지중 재배는 컨테이너를 땅속에 묻어 재배하는 방법으로, 지상 재배보다 외부 충격이나 바람으로 인한 도복 등의 피해를 적게 받는다.

05 | 수종별 출하 용기 및 재배 기간

컨테이너 재배는 노지에서 컨테이너로 또는 컨테이너에서 컨테이너로 정식하여 재배가 가능하다. 다음은 노지에서 컨테이너로 재배하는 시스템의 재배 기간을 정리한 내용이다. 수종별 출하 규격에 따른 출하 용기의 크기 및 재배 기간*을 상록 교목 5종과 낙엽 교목 14종을 대상으로 분석하였다. 수종별 출하 규격은 조달청 가격 정보 자료를 바탕으로 선정하였으며, 출하 용기의 크기는 근원 직경의 4배를 기준으로 삼았다.

* 재배 기간에 따른 출하 규격은 묘목의 상태, 토양, 기후 등 재배 여건에 따라 달라질 수 있다.

묘목 노지 재배

노지에서 재배한 묘목을 컨테이너에 이식

소형 컨테이너 재배

중형 컨테이너 재배

상록 교목 5종의 수종별 출하 용기 및 재배 기간

소나무 *Pinus densiflora*

출하 규격	출하 용기(ℓ)	재배 기간(년)	
H2.0×W0.8×R6	11 (D=24)	노지 재배	컨테이너 재배
		4년	2~3년
H2.5×W1.0×R8	26 (D=32)	노지 재배	컨테이너 재배
		5년	2~3년
H3.0×W1.5×R10	50 (D=40)	노지 재배	컨테이너 재배
		6년	2~3년
H3.5×W1.5×R12	87 (D=48)	노지 재배	컨테이너 재배
		8년	2~3년
H4.0×W2.0×R15	170 (D=60)	노지 재배	컨테이너 재배
		10년	2~3년

※ D= 컨테이너 직경(cm)

수형

새순   수피

암꽃   수꽃

열매   전년도 열매

주목 *Taxus cuspidata*

출하 규격	출하 용기(ℓ)	재배 기간(년)	
H2.0×W1.0×R6	11 (D=24)	노지 재배	컨테이너 재배
		6년	2~3년
H2.5×W1.0×R8	26 (D=32)	노지 재배	컨테이너 재배
		8년	2~3년
H3.0×W1.5×R10	50 (D=40)	노지 재배	컨테이너 재배
		10년	2~3년
H3.5×W1.5×R12	87 (D=48)	노지 재배	컨테이너 재배
		12년	2~3년
H3.5×W1.5×R15	170 (D=60)	노지 재배	컨테이너 재배
		15년	2~3년

※ D= 컨테이너 직경(cm)
※ 소나무의 수고를 기준으로 출하 규격의 근원 직경(R)을 산정

수형

잎	수피
암꽃	수꽃
열매(미성숙)	열매(성숙)

동백나무 *Camellia japonica*

출하 규격	출하 용기(ℓ)	재배 기간(년)	
H2.0×W1.0×R6	11 (D=24)	노지 재배	컨테이너 재배
		5년	2~3년
H2.5×W1.0×R8	26 (D=32)	노지 재배	컨테이너 재배
		7년	2~3년
H3.0×W1.5×R10	50 (D=40)	노지 재배	컨테이너 재배
		9년	2~3년
H3.5×W1.5×R12	87 (D=48)	노지 재배	컨테이너 재배
		11년	2~3년
H3.5×W1.5×R15	170 (D=60)	노지 재배	컨테이너 재배
		14년	2~3년

※ D= 컨테이너 직경(cm)

수형

잎 / 수피 / 꽃 / 겨울눈 / 열매(미성숙) / 열매(성숙)

먼나무 *Ilex rotunda*

출하 규격	출하 용기(ℓ)	재배 기간(년)	
H2.5×W1.0×R6	11 (D=24)	노지 재배	컨테이너 재배
		3년	2~3년
H2.5×W1.0×R8	26 (D=32)	노지 재배	컨테이너 재배
		5년	2~3년
H3.0×W1.5×R10	50 (D=40)	노지 재배	컨테이너 재배
		8년	2~3년
H3.5×W1.5×R12	87 (D=48)	노지 재배	컨테이너 재배
		10년	2~3년
H4.0×W1.5×R15	170 (D=60)	노지 재배	컨테이너 재배
		14년	2~3년

※ D= 컨테이너 직경(cm)

수형

잎(앞면) 잎(뒷면)

암꽃 수꽃

수피 열매

태산목 *Magnolia grandiflora*

출하 규격	출하 용기(ℓ)	재배 기간(년)	
H2.0×W1.0×R6	11 (D=24)	노지 재배	컨테이너 재배
		4년	2~3년
H2.5×W1.0×R8	26 (D=32)	노지 재배	컨테이너 재배
		6년	2~3년
H3.0×W1.5×R10	50 (D=40)	노지 재배	컨테이너 재배
		8년	2~3년
H3.5×W1.5×R12	87 (D=48)	노지 재배	컨테이너 재배
		10년	2~3년
H3.5×W1.5×R15	170 (D=60)	노지 재배	컨테이너 재배
		13년	2~3년

※ D= 컨테이너 직경(cm)
※ 먼나무의 수고를 기준으로 출하 규격의 근원 직경(R)을 산정

수형

잎(앞면)　　잎(뒷면)

꽃봉오리　　꽃

열매　　수피

낙엽 교목 14종의 수종별 출하 용기 및 재배 기간

느티나무 *Zelkova serrata*

출하 규격	출하 용기(ℓ)	재배 기간(년)	
H3.0×R6	11 (D=24)	노지 재배	컨테이너 재배
		2년	2~3년
H3.5×R8	26 (D=32)	노지 재배	컨테이너 재배
		3년	2~3년
H3.5×R10	50 (D=40)	노지 재배	컨테이너 재배
		4년	2~3년
H4.0×R12	87 (D=48)	노지 재배	컨테이너 재배
		5년	2~3년
H4.0×R15	170 (D=60)	노지 재배	컨테이너 재배
		7년	2~3년

※ D= 컨테이너 직경(cm)

수형

잎	수피
암꽃	수꽃
열매	씨앗

단풍나무 *Acer palmatum*

출하 규격	출하 용기(ℓ)	재배 기간(년)	
H2.0×R6	11 (D=24)	노지 재배	컨테이너 재배
		3년	2~3년
H2.5×R8	26 (D=32)	노지 재배	컨테이너 재배
		4년	2~3년
H3.0×R10	50 (D=40)	노지 재배	컨테이너 재배
		5년	2~3년
H3.5×R12	87 (D=48)	노지 재배	컨테이너 재배
		6년	2~3년
H3.5×R15	170 (D=60)	노지 재배	컨테이너 재배
		8년	2~3년

※ D= 컨테이너 직경(cm)

수형

잎 / 수피 / 암꽃 / 수꽃 / 열매(미성숙) / 열매(성숙)

산수유 *Cornus officinalis*

출하 규격	출하 용기(ℓ)	재배 기간(년)	
		노지 재배	컨테이너 재배
H2.5×R6	11 (D=24)	3년	2~3년
H2.5×R8	26 (D=32)	5년	2~3년
H3.0×R10	50 (D=40)	8년	2~3년
H3.0×R12	87 (D=48)	10년	2~3년
H3.5×R15	170 (D=60)	12년	2~3년

※ D= 컨테이너 직경(cm)

수형

잎과 잎차례 수피

꽃봉오리 꽃

열매(미성숙) 열매(성숙)

이팝나무 *Chionanthus retusus*

출하 규격	출하 용기(ℓ)	재배 기간(년)	
H2.5×R6	11 (D=24)	노지 재배	컨테이너 재배
		2년	2~3년
H3.0×R8	26 (D=32)	노지 재배	컨테이너 재배
		3년	2~3년
H3.5×R10	50 (D=40)	노지 재배	컨테이너 재배
		5년	2~3년
H3.5×R12	87 (D=48)	노지 재배	컨테이너 재배
		6년	2~3년
H4.0×R15	170 (D=60)	노지 재배	컨테이너 재배
		8년	2~3년

※ D= 컨테이너 직경(cm)

수형

잎 / 수피 / 새잎 / 꽃 / 열매(미성숙) / 열매(성숙)

산딸나무 *Cornus kousa*

출하 규격	출하 용기(ℓ)	재배 기간(년)	
H2.5×R6	11 (D=24)	노지 재배	컨테이너 재배
		3년	2~3년
H2.5×R8	26 (D=32)	노지 재배	컨테이너 재배
		4년	2~3년
H3.0×R10	50 (D=40)	노지 재배	컨테이너 재배
		6년	2~3년
H3.0×R12	87 (D=48)	노지 재배	컨테이너 재배
		11년	2~3년
H3.5×R15	170 (D=60)	노지 재배	컨테이너 재배
		13년	2~3년

※ D= 컨테이너 직경(cm)

수형

잎(앞면)　　　잎(뒷면)

꽃　　　수피

열매(미성숙)　　　열매(성숙)

살구 *Prunus armeniaca*

출하 규격	출하 용기(ℓ)	재배 기간(년)	
H2.5×R6	11 (D=24)	노지 재배	컨테이너 재배
		2년	2~3년
H3.0×R8	26 (D=32)	노지 재배	컨테이너 재배
		4년	2~3년
H3.5×R10	50 (D=40)	노지 재배	컨테이너 재배
		5년	2~3년
H3.5×R12	87 (D=48)	노지 재배	컨테이너 재배
		6년	2~3년
H4.0×R15	170 (D=60)	노지 재배	컨테이너 재배
		8년	2~3년

※ D= 컨테이너 직경(cm)

수형

백목련 *Magnolia denudata*

출하 규격	출하 용기(ℓ)	재배 기간(년)	
H2.0×R6	11 (D=24)	노지 재배	컨테이너 재배
		2년	2~3년
H2.5×R8	26 (D=32)	노지 재배	컨테이너 재배
		4년	2~3년
H3.0×R10	50 (D=40)	노지 재배	컨테이너 재배
		5년	2~3년
H3.5×R12	87 (D=48)	노지 재배	컨테이너 재배
		6년	2~3년
H3.5×R15	170 (D=60)	노지 재배	컨테이너 재배
		8년	2~3년

※ D= 컨테이너 직경(cm)

수형

잎   수피

꽃   꽃(암술과 수술)

열매(미성숙)   열매(성숙)

매실나무 *Prunus mume*

출하 규격	출하 용기(ℓ)	재배 기간(년)	
H2.5×R6	11 (D=24)	노지 재배	컨테이너 재배
		2년	2~3년
H3.0×R8	26 (D=32)	노지 재배	컨테이너 재배
		3년	2~3년
H3.5×R10	50 (D=40)	노지 재배	컨테이너 재배
		4년	2~3년
H3.5×R12	87 (D=48)	노지 재배	컨테이너 재배
		6년	2~3년
H4.0×R15	170 (D=60)	노지 재배	컨테이너 재배
		8년	2~3년

※ D= 컨테이너 직경(cm)

수형

잎 수피

새잎 꽃

열매(미성숙) 열매(성숙)

상수리나무 *Quercus acutissima*

출하 규격	출하 용기(ℓ)	재배 기간(년)	
		노지 재배	컨테이너 재배
H3.0×R6	11 (D=24)	2년	2~3년
H3.5×R8	26 (D=32)	3년	2~3년
H3.5×R10	50 (D=40)	4년	2~3년
H4.0×R12	87 (D=48)	5년	2~3년
H4.0×R15	170 (D=60)	6년	2~3년

※ D= 컨테이너 직경(cm)

수형

잎 / 수피 / 잎차례 / 꽃 / 열매 / 씨앗

마가목 *Sorbus commixta*

출하 규격	출하 용기(ℓ)	재배 기간(년)	
H2.5×R6	11 (D=24)	노지 재배	컨테이너 재배
		4년	2~3년
H3.0×R8	26 (D=32)	노지 재배	컨테이너 재배
		8년	2~3년
H3.0×R10	50 (D=40)	노지 재배	컨테이너 재배
		10년	2~3년
H3.0×R12	87 (D=48)	노지 재배	컨테이너 재배
		13년	2~3년
H3.5×R15	170 (D=60)	노지 재배	컨테이너 재배
		16년	2~3년

※ D= 컨테이너 직경(cm)

수형

잎　　　　　　　　　　수피

새잎　　　　　　　　　꽃

열매(미성숙)　　　　　열매(성숙)

층층나무 *Cornus controversa*

출하 규격	출하 용기(ℓ)	재배 기간(년)	
H3.0×R6	11 (D=24)	노지 재배	컨테이너 재배
		2년	2~3년
H3.5×R8	26 (D=32)	노지 재배	컨테이너 재배
		3년	2~3년
H3.5×R10	50 (D=40)	노지 재배	컨테이너 재배
		4년	2~3년
H3.5×R12	87 (D=48)	노지 재배	컨테이너 재배
		5년	2~3년
H4.0×R15	170 (D=60)	노지 재배	컨테이너 재배
		6년	2~3년

※ D= 컨테이너 직경(cm)

수형

계수나무 *Cercidiphyllum japonicum*

출하 규격	출하 용기(ℓ)	재배 기간(년)	
H2.5×R6	11 (D=24)	노지 재배	컨테이너 재배
		3년	2~3년
H2.5×R8	26 (D=32)	노지 재배	컨테이너 재배
		5년	2~3년
H3.0×R10	50 (D=40)	노지 재배	컨테이너 재배
		6년	2~3년
H3.0×R12	87 (D=48)	노지 재배	컨테이너 재배
		13년	2~3년
H3.5×R15	170 (D=60)	노지 재배	컨테이너 재배
		16년	2~3년

※ D= 컨테이너 직경(cm)

수형

자귀나무 *Albizzia julibrissin*

출하 규격	출하 용기(ℓ)	재배 기간(년)	
H2.5×R6	11 (D=24)	노지 재배	컨테이너 재배
		3년	2~3년
H3.0×R8	26 (D=32)	노지 재배	컨테이너 재배
		4년	2~3년
H3.0×R10	50 (D=40)	노지 재배	컨테이너 재배
		5년	2~3년
H3.5×R12	87 (D=48)	노지 재배	컨테이너 재배
		6년	2~3년
H3.5×R15	170 (D=60)	노지 재배	컨테이너 재배
		8년	2~3년

※ D= 컨테이너 직경(cm)

수형

노각나무 *Stewartia pseudocamellia*

출하 규격	출하 용기(ℓ)	재배 기간(년)	
H2.5×R6	11 (D=24)	노지 재배	컨테이너 재배
		5년	2~3년
H3.0×R8	26 (D=32)	노지 재배	컨테이너 재배
		8년	2~3년
H3.5×R10	50 (D=40)	노지 재배	컨테이너 재배
		10년	2~3년
H3.5×R12	87 (D=48)	노지 재배	컨테이너 재배
		13년	2~3년
H4.0×R15	170 (D=60)	노지 재배	컨테이너 재배
		16년	2~3년

※ D= 컨테이너 직경(cm)

수형

잎	수피
꽃봉오리	꽃
열매	꼬투리

Chapter 04
컨테이너 재배 유지 관리

01 | 개요

컨테이너 재배의 유지 관리는 조경수 재배가 원활하도록 수목과 기반 시설에 대해 이루어지며 관수 및 배수 관리, 시비 관리, 제초 관리, 병해충 관리 등으로 나누어 행해진다.

점적 관수 시설

수목 재배용 컨테이너(지중 재배 방식) 아래에 배수가 잘 되도록 맹암거를 설치

02 | 관수 및 배수 관리

 관수(灌水)란 수목의 생육에 필요한 수분이 부족할 때, 인위적으로 물을 공급하는 것을 말한다. 물은 조경수 컨테이너 재배 유지 관리에 있어서 가장 중요한 요소 중의 하나로, 수목의 광합성 작용에 필수 요소이며, 식물체 내에서 물질을 용해시키고, 양분을 이동시키는 역할을 한다.

 배수(排水)란 불필요한 물을 밖으로 퍼내거나 외부로 배출하는 것

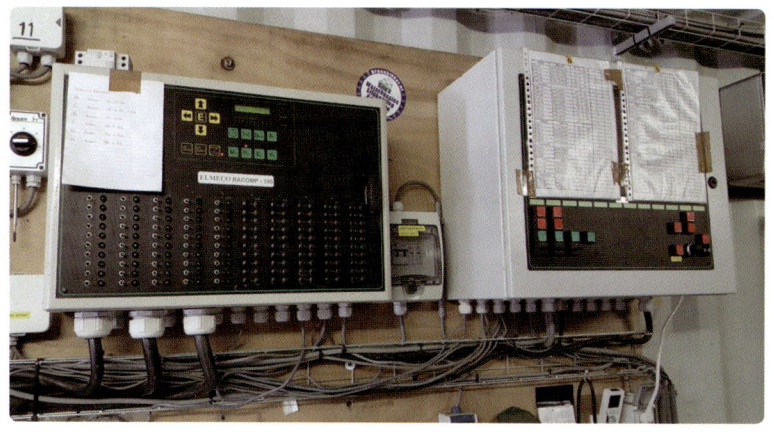

관수, 시비 등을 위한 중앙제어 시설

을 말하며, 관수와 함께 수목의 건강에 매우 중요한 요소 중 하나이다. 배수가 되지 않으면 토양 속에 산소가 부족해져 뿌리가 호흡을 하지 못해 수목이 피해를 입는다.

따라서 조경수 컨테이너 재배에서 관수 및 배수 시스템은 노지 재배에 비해 중요하다. 물은 수목의 생장에 필수적이지만, 과다한 물의 관수는 오히려 수목에게 피해를 줄 수도 있으므로 항상 적절히 조절한다.

컨테이너는 크기가 제한적이라 토양의 수분 함량 또한 제한되기 때문에 고온이나 건조 현상에 크게 영향을 받는다. 그러므로 컨테이너 내부의 뿌리분이 건조되지 않도록 유의하여야 한다.

물의 취수, 물의 수질, 정확한 배수 시스템 등은 수목의 품질과 생산된 수목의 수익성에 중요한 영향을 미친다. 관수 방법으로는 주로 점적 관수법을 사용하나, 저면 관수법을 활용하기도 한다.

관수 관리

조경수 컨테이너 재배에서 물은 수목의 생육에 영향을 많이 미치므로 관심을 가지고 정밀하게 관리하며, 지하수, 상수, 하천 등을 통해 용수를 확보해야 한다.

가장 효율적으로 관리하려면 관수와 동시에 영양 염류도 공급할 수 있어야 한다. 원칙적으로 수목의 종류에 따라 관수 방법을 달리해야 하며, 한 재배 면적에 일정량의 물을 관수하는 것이 중요하다.

컨테이너 재배에 적합한 관수 방법에는 여러 가지가 있다. 두상 관수, 점적 관수, 저면 관수, 스프링클러, 순환 관수 시스템 등이 사용될 수 있으며 자동 밸브 시스템 또는 시간 조절 시스템 등의 설비가 필요하다.

❶ 두상 관수

- 수목 위에 물을 뿌리는 관수 방법으로 적은 투자비용으로 설치가 가능하고 염류 함량이 높은 물이라도 염류집적현상이 나타나지 않는다.
- 수목을 컨테이너에 정식한 후 관수하거나 건조된 배양토에 수분을 다시 공급하는 것은 큰 문제가 없다.

두상 관수 시스템(Penitas Viveros 조경수 농장, 스페인)

- 적합한 물조리개 장치가 있을 경우 동해 방지를 위한 관수도 가능하다.
- 통로에 남은 물과 통로에 뿌려진 물은 다시 회수하기 어려워 물을 최대한 이용할 수 없다.
- 사용 가능한 물의 양이 약 10~20% 정도로 추정되는데(Beitz, 1983), 컨테이너의 크기, 컨테이너와 컨테이너 사이의 간격, 묘상 통로의 넓이 또는 나뭇잎의 형태 등에 따라 차이가 있기 때문에 정확한 양을 산정하기가 어렵다.
- 바람에 취약하여, 통로의 지면이 연약해진다.
- 물의 손실이 상대적으로 적은 차량을 이용하는 경우 손실률이 약 60% 정도이다.
- 바람을 막을 수 있는 구조물 설치, 배수가 잘 되고 쉽게 건조되는 통로 설치, 남은 물을 재활용하기 위한 물 저장 탱크 설치, 저녁 시간에 관수하기 등을 통해 물의 손실을 저감할 수 있다.

❷ 점적 관수
- 관수 호스에 연결된 미세한 관(2mm)을 설치하여 일정한 양을 일정한 속도로 관수하는 방법을 말하며, 과습이나 건조 없이 수목 생육에 알맞은 토양수분 상태를 유지시키므로 효과적인 관수 방법이라 할 수 있다(박진면 외, 2015).
- 수목의 뿌리부근 지표면에 천천히 조금씩 떨어뜨려 물이 떨어지는 곳의 토양 수분 함량을 높일 수 있다.

점적 관수 시스템(Harry Menkehorst 조경수 농장, 네덜란드)

- 컨테이너에 사용될 경우 컨테이너 내부에만 관수하게 되므로 물을 절약할 수 있고 관내의 유속이 낮으므로 균일한 급수가 가능하다(문석기, 1998).
- 점적 관수 시스템을 제작하는 회사들이 많아, 기기 부품을 조달하기도 하므로 부분적으로 관수 시스템 설치 비용을 절감할 수 있다.
- 초기 설치 비용이 높고, 추가 설치 비용이 자주 든다.
- 들쥐 또는 야생 토끼 같은 동물들에 의해 점적 관수의 수도관이 훼손되거나 파손될 수 있기 때문에 항상 관찰이 필요하다.
- 용수의 수질 관리와 탄산염의 경도를 낮추기 위한 노력이 필요하다.

❸ 저면 관수

- 용기를 물에 잠기게 하여 수분을 공급하는 방법으로, 모세관수에 의해 수목이 물을 흡수한다.
- 물의 과도한 소모를 줄이고, 영양 염류의 용탈, 이끼의 발생을 감소시킨다.

저면 관수 시스템(Köhler Baumschuler 조경수 농장, 독일)

❹ 스프링클러(살수법)

- 물을 노즐로 뿌려 빗방울이나 안개모양으로 살수하는 방법을 말하며, 물을 살수하는 높이에 따라 수상식과 수하식으로 구분한다. 수상식은 물방울이 수목의 수관에 남아있어 병해가 발생될 수 있으나 수하식보다 살수반경이 넓다.
- 짧은 시간에 관수되는 물의 양이 많아 흡수되지 않고 흘러내리는 물의 양이 많다.
- 설치 비용이 점적 관수에 비해 많이 들어 컨테이너 재배용으로는 비경제적이다.

스프링클러 시스템

❺ 순환식 관수 시스템

- 물과 영양 염류의 소모를 줄이고, 빗물을 최대한 이용할 수 있는 시스템으로, 물을 한곳에 모을 수 있는 관과 물을 저장할 수 있는 대형 탱크의 설치가 필요하다.
- 비가 많이 올 경우 빗물이 넘치지 않도록 하며, 남은 물은 깨끗하게 정수하고 재활용할 수 있다.

순환식 관수 시스템을 위한 물 저장 시스템(Köhler 조경수 농장, 독일)

배수 관리

물이 고이면 수목의 생장에 저해가 되고 수목의 병해충 예방에 좋지 않은 악영향을 미치기 때문에 남는 물의 배수는 모든 관수 시스템에서 중요한 위치를 차지한다. 모래, 자갈, 부직포 등으로 포장된 포지의 경우에는 물을 재활용할 수 있다. 재활용하기 위한 물을 충분히 확보하려면 묘상의 지면에 약간의 경사가 필요하다. 지하에 물 차단 부직포를 통해 스며든 물은 저장하여 최대한 활용한다. 이렇게 모아진 빗물이나 남는 물은 작은 저수지, 콘크리트 탱크 혹은 플라스틱 탱크에 저장한다. 배수된 물의 영양 염류 농도는 단기간 변화가 심하므로 시비할 때에 이점을 고려하여 비료의 양을 조절한다.

❶ 배수 방법

표면 배수 : 비나 눈에 의해 발생한 물을 지표면을 따라 처리하는 방법

명거 배수 : 중력식 배수로서 지표면에 배수로를 조성하여 처리하는 방법

관거 배수 : 지표면에 발생하는 표면수 및 생활하수 등의 오수를 처리하기 위하여 밀폐된 도관을 매설하여 배수하는 방법

지하 배수(심토층 배수) : 지반 내의 배수를 목적으로 하며, 지하수위를 낮추기 위해 지하에 고인 물 또는 지하로 침투하는 물을(침수해 오는 물을 차단하는 것도 포함) 배수하는 방법

❷ 배수 시설 관리

배수 시설의 상태를 정기적으로 점검하여 파손 및 결함이 있는 곳은 원인을 찾아 적절한 조치를 취한다. 강우가 내리거나 내린 직후에 배수상황을 살피는 것이 결함을 발견하는 데 도움이 된다.

표면 배수 시설

측구, 배수구 : 정기적으로 점검하고 낙엽, 토사, 먼지, 쓰레기에 의해 배수 시설이 막히지 않도록 관리한다. 파손된 부분은 즉시 보수하거나 교체한다.

집수구, 맨홀 : 지하 배수 시설을 유지하고 관리하는 데 중요한 시설로 장마, 태풍철, 해빙기 전에는 반드시 청소한다. 파손된 부분은 즉시 보수하거나 교체한다.

배수관 및 구거 : 먼지나 오물 등으로 통수단면이 좁아지지 않았는지 점검하고, 누수나 체수(Standing water)가 발견되

측구

맨홀

면 즉시 보수한다. 관거, 구거의 유출구에 토사가 쌓였을 때는 구멍이나 균열이 발생한 것으로 정밀 점검하여 보수한다.

지하 배수 시설

유출구 이외에는 직접 확인하기가 어려우므로 설치 년월, 배치 위치, 구조 등을 명시한 도면을 작성하고 점검하도록 한다. 장마와 같이 비가 내린 뒤에는 배수 기능을 확인하여 조사한다. 배수 기능이 현저히 떨어질 경우 재설치가 필요하다.

집수구

03 | 시비 관리

　조경수의 컨테이너 재배는 노지 재배와 사용되는 비료의 조건과 시비 방법에 있어 근본적인 차이가 있다. 컨테이너 재배의 경우 조경수의 뿌리 발육이 컨테이너 안에 한정되어 뿌리 주변에 물과 영양 염류 또는 산도(pH)를 중화시킬 수 있는 토양이 부족하다. 그리고 노지 재배에서처럼 수목이 지하수로부터 물을 흡수하지 못하기 때문에 컨테이너 내부의 토양은 생물의 다양성이 노지 재배에 비해 부족하다. 이러한 여러 가지의 이유로 컨테이너의 시비는 다음과 같은 특수한 비료의 조건 및 기술이 요구된다.

- 비료는 사용이 편리하게 조제한다.
- 비료에 필요한 영양 염류 및 미량 원소가 균형 있게 함유되어야 한다.
- 비료의 품질이 항상 균일하여야 한다.
- 비료가 시간 차이를 두고 용해되도록 한다.
- 비료의 산도(pH)는 중성이 되도록 한다.

- 토양 미생물의 활성이 낮아도 비료가 잘 흡수되어야 한다.
- 처음에 수목을 컨테이너에 이식할 때 기비를 주어 가능한 장시간 균일하고 충분한 영양 염류가 제공되도록 한다.

비료의 주요 성분

조경수의 생육을 위해서는 여러 가지 양분이 필요하다. 비료는 수목의 종류와 생육 상태, 토양 조건 등에 따라 유기질 비료와 무기질 비료를 시비한다. 비료의 3요소 중에는 수목의 생장에 필요한 질소(N), 인산(P), 칼륨(K) 등이 있으며, 이외에도 생육에 필수적인 미량요소(micro element)가 있다.

질소비료

인산비료

칼륨비료

미량요소

비료의 종류

비료는 제조 방법, 성분, 모양, 효과의 지속 기간 등에 따라 분류한다.

구분		비료의 종류	성분
무기질 비료	단일 비료	질소질 비료	요소, 황산암모늄(유안)
		인산질 비료	용성인비, 용과린
		칼륨질 비료	염화칼륨, 황산칼륨
		석회질 비료	생석회, 소석회
		마그네슘질 비료	황산마그네슘

구분		비료의 종류	성분
무기질 비료	복합 비료	제1종 복합 비료	질소, 인산, 칼륨 중 두 가지 성분 이상을 함유한 비료 인산암모늄, 질산칼륨, 황산인산암모늄, 인산칼륨 등
		제2종 복합 비료	질소, 인산, 칼륨 비료와 제1종 복합 비료 중 두 가지 이상을 배합한 비료
		제3종 복합 비료	제2종 복합 비료와 유기물을 배합한 비료
		제4종 복합 비료	액체 비료
유기질 비료			어박, 골분, 계분 가공 비료, 퇴비, 부숙겨, 부엽토, 부숙톱밥

Chapter 04 컨테이너 재배 유지 관리 - 141

시비 방법

시비 방법은 비료의 형태, 수목의 종류와 생육 상태, 토양 조건 등에 따라 달라진다.

❶ 토양 표면에 비료 주기

- 수목 주위의 토양 표면에 비료를 흩어 뿌리는 방법이다.
- 빠르고 간단한 방법이지만, 비료의 유실량이 많아 토양 표면에서 뿌리까지 쉽게 이동하는 질소 비료(속효성)나 킬레이트된 4종 복합 비료를 줄 때 적합하다.

- 고형 비료를 골고루 뿌린 다음 물을 충분히 주어 비료 성분이 뿌리까지 이동하도록 한다.
- 비료는 나무의 수관 가장자리 아래에 돌아가며 준다.

❷ 토양 속에 비료 주기

- 토양에 구멍을 뚫어 토양 속에 비료 성분을 직접 넣어주는 방법이다.
- 토양에 이동 속도가 느린 양분(인산, 칼륨, 칼슘)과 유기질 비료를 줄

때 적합하며, 토양 표면이 잔디로 덮여 있을 경우에 실시한다.
- 토양 내 공기의 흐름도 좋게 한다.

❸ 관수하며 비료 주기

- 주로 시설 재배에서 이용되는 방법으로, 관수할 때 액비를 희석하여 준다.
- 컨테이너 재배에서 보편적으로 많이 이용된다.

❹ 엽면 시비

- 액체 비료를 잎에 직접 뿌려주는 방법으로 뿌리에 장해가 있어 양분 흡수가 어렵거나 수목의 건강 상태가 극히 나쁠 때 사용한다.
- 엽면 시비용 비료에는 요소, 제4종복비(액비), 썰포마그, 액상칼슘, 황산마그네슘, 염화마그네슘, 붕소, 몰리브덴, 망간 등이 사용된다.
- 바람이 없는 날 아침이나 저녁에 실시하고, 낮에는 피한다.
- 비료의 희석액이 잎에서 방울져 떨어질 때까지 분무한다.

04 | 전정 관리

　전정(pruning)은 가지치기라고도 하며 수목의 식재 목적에 따라 수형 유지, 건전한 생육 도모, 개화 및 결실 촉진 등을 위해 불필요한 가지나 줄기 등을 자르는 것을 말한다.
　전정의 목적은 대상 수종에 따라 다르지만 조경수의 경우 수목을 건강하고 아름답게 유지하기 위함이다. 조경수의 건강과 미관을 지속적으로 유지하기 위해서는 손상된 가지, 죽은 가지, 병든 가지, 부러진 가지 등을 주기적으로 제거해야 한다.
　불필요한 가지 등을 조기에 제거하지 않고 방치하면 병원균의 침해를 받아 가지와 줄기가 썩게 된다.
　조경수의 가지와 잎이 조밀한 지상부는 햇빛과 공기의 유통을 막고 여러 가지 병의 발생을 조장하므로 가지를 솎아야 한다.
　골격 전정을 통해 조경수는 어린나무 때부터 수목의 수형을 잘 조절해야 성목이 되어서 건강하게 자랄 수 있고, 성숙했을 때 수목의 크기를 조절할 수 있다.

전정 시기

❶ 계절별 전정

겨울 전정

- 12~3월에 실시하는 전정으로 내한성이 강한 낙엽수를 대상으로 강전정을 한다.
- 잎이 떨어진 뒤에는 수형이 잘 드러나기 때문에 작업이 용이하다.
- 추운 지방에서는 상처를 통해 냉기가 스며들어 가지를 상하게 하므로 해빙기인 2~3월에 실시한다.

봄 전정

- 3~5월 사이에 실시하는 전정 작업으로 이 시기는 생장기이므로 강전정을 하면 수세가 쇠약해진다.
- 감탕나무, 녹나무, 굴거리나무 등의 상록활엽수와 참나무류는 묵은잎이 떨어지고 새잎이 날 때가 전정 적기다. 주로 가지를 솎아 내거나 길이를 줄이는 정도로 한다.
- 느티나무와 벚나무 등의 낙엽활엽수는 영양 생장기

감탕나무

| 녹나무 | 굴거리나무 |
| 느티나무 | 벚나무 |

에 접어들어 신장이 가장 많이 생장하는 시기이므로 적심, 적아 등의 약전정은 실시해도 좋으나 굵은 가지를 쳐내는 등의 강전정은 피한다.

여름 전정

- 6~8월은 생장이 활발하고 잎이 무성한 시기이므로 수관 내의 통풍과 채광이 불량해지고 병충해가 발생하기 쉽다.
- 웃자란 가지나 혼잡한 가지를 잘라 채광 및 통풍을 원활히 한다.
- 강전정은 피하고 약전정을 2~3회 나누어 실시한다.

가을 전정

- 9~11월에 하는 전정으로 웃자란 가지와 혼잡한 가지를 가볍게 전정한다.
- 휴면이 빠른 수종이나 상록활엽수는 가을이 전정하기에 적기이나, 수세가 약해지지 않을 정도로 한다.

❷ 나무 특성별 전정 시기

꽃나무의 전정

- 꽃나무는 당년도 개화가 끝난 직후부터 이듬해 꽃눈이 생기기 전에 전정한다.
- 백목련, 철쭉, 치자나무, 등나무는 꽃이 지고 난 후 바로 꽃눈이 생기므로 꽃이 지자마자 전정한다.

백목련

등나무

- 무궁화, 배롱나무, 싸리, 능소화, 금목서와 같이 봄에 자란 새 가지의 끝에 꽃눈이 형성되어 여름에 꽃이 피는 나무는 이른 봄

에 전정을 한다.

무궁화　　　　　배롱나무　　　　　금목서

관상수의 전정

- 소나무, 잣나무 등은 6~7월에 굵은 가지를 절단하면 송진이 많이 흘러 나무가 쇠약해지므로 생장기를 피하여 절단한다.

소나무　　　　　　　　　　잣나무

- 단풍나무와 자작나무는 잎이 완전히 나온 후 전정하여 수액이 나오는 시기를 피한다.

단풍나무　　　　　　　　자작나무

- 벚나무는 전정을 실시하면 상처 부위가 잘 아물지 않고 썩기 쉬우므로 가능한 전정하지 않는다.

벚나무

〈화목류의 개화기와 꽃눈 형성기〉

수종＼월	1	2	3	4	5	6	7	8	9	10	11	12
매실나무	●●●	***	***					✿	●●●	●●●	●●●	●●●
동백나무	●●●	●●●	***	***		✿✿	✿✿	●●●	●●●	●●●	●●●	●●●
산수유	●●●	●●●	***			✿	●●●	●●●	●●●	●●●	●●●	●●●
서향나무	●●●	●●●	***	***			✿	●●●	●●●	●●●	●●●	●●●
백목련	●●●	●●●	●●●	***	✿	●●●	●●●	●●●	●●●	●●●	●●●	●●●
명자나무	●●●	●●●	●●●	***					✿	●●●	●●●	●●●
개나리	●●●	●●●	●●●	***					✿	●●●	●●●	●●●
왕벚나무	●●●	●●●	●●●	**		✿	●●●	●●●	●●●	●●●	●●●	●●●
수수꽃다리	●●●	●●●	●●●	***	***	✿	●●●	●●●	●●●	●●●	●●●	●●●
조팝나무	●●●	●●●	●●●	***	*				✿	●●●	●●●	●●●
복숭아나무	●●●	●●●	●●●	**			✿	●●●	●●●	●●●	●●●	●●●
모란	●●●	●●●	●●●	**	***			✿	●●●	●●●	●●●	●●●
영산홍	●●●	●●●	●●●	**	***		✿	●●●	●●●	●●●	●●●	●●●
단풍철쭉	●●●	●●●	●●●	**	***			✿	●●●	●●●	●●●	●●●
등나무	●●●	●●●	●●●	**	***	✿	●●●	●●●	●●●	●●●	●●●	●●●
찔레나무				✿✿●	***							
치자나무	●●●	●●●	●●●	●●●	***	✿	●●●	●●●	●●●	●●●	●●●	●●●
수국	●●●	●●●	●●●		***	***	*		✿	●●●	●●●	●●●
무궁화						✿●●	***	***				
배롱나무						✿	●●●	***				
싸리나무							✿✿	✿**	***			
금목서								✿●	***	***		

※ ✿ 화아(꽃눈) 형성기 ● 화아(꽃눈) 형성 지속기 * 개화기   *자료 : 수목환경관리학(2009), p117.

전정 방법

❶ 전정 순서

- 전정할 대상의 나무 전체를 관찰할 수 있는 지점에서 전체 수형을 보고, 만들고자 하는 수형에 따라 잘라야 할 가지를 결정한다.
- 원하는 수형의 목적에 맞지 않는 큰 가지부터 전정한다.
- 수관 위쪽에서 아래쪽으로, 밖에서 안으로 전정한다.
- 절단 부위가 5cm 이상일 경우 수목에 상처 도포제(발코트, 톱신페스트 등)를 바른다.

❷ 기본 원칙

- 죽은 가지, 병든 가지, 지나치게 촘촘한 가지는 제거하여 채광과 통풍을 원활히 한다.
- 수관 내부로 향하는 가지, 수직 방향으로 자라는 가지, 아래로 처진 가지, 도장지를 제거하여 수형을 유지시킨다.
- 마주난 대생지는 전정하여 어긋나게 위치하도록 한다.
- 돌려난 윤생지는 1개의 가지만 남기고 층마다 어긋나도록 절단한다.
- 같은 방향과 같은 각도로 나란히 자란 평행지는 양분을 경합하고 단조로운 느낌을 주므로 제거한다.
- 나무의 정면에 눈높이로 돌출한 가지는 압박감을 주므로 제거한다.

- 가지를 자르는 부위는 가지깃 형태에 따라 위치 및 각도를 달리 한다.
- 지피융기선과 가지깃이 손상되지 않도록 한다.
- 가지그루터기를 남기지 않는다.
- 줄기와 가지를 중간에서 절단해야 할 경우 반드시 마디에서 자르고, 절간을 자르지 않는다.
- 제거할 가지는 매끈하게 자른다.
- 전정할 때는 반드시 좋은 가지나 곁눈이 있는 곳의 바로 위쪽을 선택하여 절단한다.

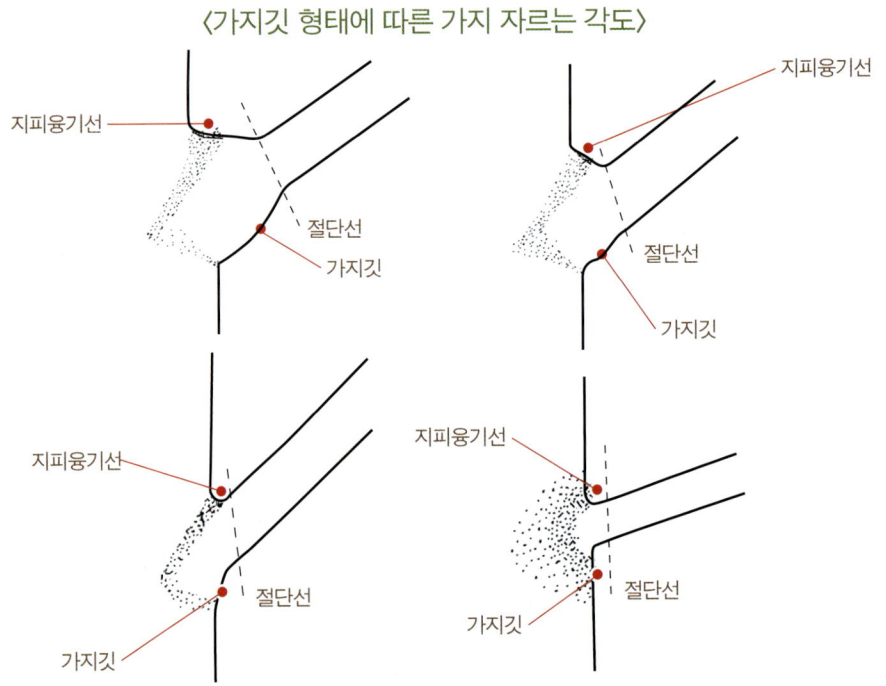

〈가지깃 형태에 따른 가지 자르는 각도〉

05 | 잡초 관리

컨테이너 재배에서 잡초 제거는 어려운 문제이다. 기계를 이용하는 것이 불가능하고, 제초제를 쓰면 수목에 피해를 줄 수 있기 때문에 인력을 동원하여 제초해야 한다.

우선적으로 수목을 식재할 때는 적합한 배양토를 선택하고 잡초가 최소한으로 적게 생기게 관리해야 한다. 관수용 물은 잡초 종자가 유입되지 않은 깨끗한 물을 사용한다. 배양토에 혼합된 물질 중에서 잡초 씨앗이 포함된 퇴비, 표층 점토, 품질이 좋지 않은 피트모스, 오래된 컨테이너 등은 화학적으로 처리하거나 더운 물(60℃/30분)을 이용하여 잡초 씨앗을 제거한다. 잡초의 종자 유입을 최대한 차단하려면 조경수 재배 전 구역과 도로에 잡초가 발생하지 않도록 항상 유지하고 관리해야 한다.

잡초 발생을 예방하기 위해서는 깨끗한 모래, 자갈, 우드칩 등으로 배양토 표면을 멀칭하거나, 컨테이너 표면을 코코피트나 부직포로 제작된 덮개를 이용한다.

물리적 잡초 방제법

❶ 풀 뽑기

- 잡초의 하부를 잡고 천천히 좌우로 흔들면서 당겨 뽑는다.
- 뿌리가 깊은 잡초는 잡초 제거용 포크나 호미 등의 도구를 사용하여 뽑는다.
- 잡초를 한 손으로 잡고 다른 한 손으로 포크를 뿌리가 있는 땅속으로 삽입한다.
- 잡초의 뿌리가 남아 있으면 잡초는 다시 자라기 때문에, 포크를 위로 들어올려 잡초를 뽑되 줄기나 잎이 끊어져서 뿌리가 남지 않도록 한다.
- 제거된 잡초는 재배지 밖으로 반출하여 처리한다.

잡초 제거용 포크

❷ 멀칭
- 토양의 표면을 어떤 물질로 덮는 것으로, 잡초의 발생을 억제시켜 미관을 개선하는 기능을 한다.
- 재료는 나무껍질(바크), 낙엽, 짚, 자갈, 마사토, 부직포, 비닐 등 다양하다.

화학적 잡초 방제법

❶ 분무법

- 유제와 액제를 물로 희석하거나 수화제와 수용제를 물에 녹인 후 분무기를 사용하여 살포하는 방법이다.
- 살포액의 입자를 $100\sim200\mu m$ 정도로 작게하여 안개형태로 만들어 수목 표면에 골고루 부착한다.
- 약제의 혼합이 쉽고 비산이 적으며, 뿌린 후 수목에 부착이 쉽게 조경수에서 가장 많이 사용한다.
- 대면적에 살포할 경우에는 동력식 분무기를 사용하고, 소면적일 경우는 수동식 분무기를 사용한다.

❷ 입제 살포법

- 입제로 된 제초제를 수목 표면에 손으로 직접 뿌리는 방법이다.

❸ 토양 시용법

- 액제와 입제를 토양 표면 또는 땅속에 혼합하는 방법이다.

06 | 풍해 관리

 수고가 높은 컨테이너 수목은 바람에 취약하다. 수목이 바람에 넘어갈 경우 노동력 증가, 수목의 피해, 불규칙적인 수분 공급 및 건조 등으로 인해 추가 피해가 발생될 수 있으며 수목의 수형을 해칠 수도 있다.

 풍해를 방지하기 위해서는 방풍막, 방풍림, 바람막이 울타리 등과 같이 바람을 막는 방법과 컨테이너 지주목, 고정 장치 등과 같이 수목이나 컨테이너 용기를 고정시키는 방법이 있다.

 다음은 풍해를 예방할 수 있는 다양한 방법들이다.

방풍막

방품림

바람막이 볏짚 방풍막

풍해를 예방하는 방법

- 바람막이 울타리 설치
- 여러 가지 건축 자재를 이용한 바람막이 벽 설치
- 넓고 둥근 모양 또는 낮고 중심점이 낮은 컨테이너의 사용
- 무거운 재료를 용기에 부착
- 강철로 된 핀과 막대기를 이용하여 컨테이너를 고정
- 대형 컨테이너의 경우 지주목 등을 이용하여 수목을 단단히 고정
- 구조물을 이용하여 막대기를 고정한 후 철사로 고정
- 수목과 컨테이너를 철사로 된 그물로 고정
- 대형 컨테이너를 줄로 일정 간격으로 배치
- 강한 철사 고리를 이용하여 컨테이너를 땅에 고정
- 여러 개의 컨테이너를 서로 묶어 고정
- 컨테이너 적재 팰릿을 이용

바람 차단을 위한 방풍막

방풍 및 차폐를 위해 목재와 나무로 만든 생울타리

방풍 및 차폐 등을 위해 수목으로 만든 생울타리

컨테이너 안에 목재를 넣어 바람에 의해 넘어지는 것을 방지

수목과 컨테이너를 격자 철사로 된 그물로 고정

대형 컨테이너의 경우 목재를 이용한 연결지주로 바람에 의해 넘어지는 것을 방지

수목 개별지주와 연결지주를 이용하여 바람에 의해 넘어지는 것을 방지

강한 철사 고리를 이용하여 땅에 고정

여러 개의 컨테이너를 서로 연결하여 고정

지중 재배로 바람에 의해 넘어지는 것을 방지

07 | 월동 관리

 컨테이너 배양토는 주위의 공기와 직접 접촉하며 외부 온도 변화에 빠르게 반응하기 때문에, 조경수 컨테이너 재배 시에는 동해 피해가 올 것을 미리 예상해야 한다.

 동해로 인한 식물의 피해는 뿌리의 전체 또는 일부분이 고사되거나 건조된 수목의 줄기나 잎을 통해 알 수 있는데, 동해가 발생하는 원인은 컨테이너 수목의 뿌리가 결빙되어 수분을 흡수할 수 없기 때문이다. 미국의 매리랜드대학(University Maryland, USA)에서는 건조한 토양보다 수분을 함유한 토양에서 수목의 뿌리 고사율이 낮게 나타난다는 결과를 보고하였다.

 따라서 동해를 예방하는 방법은 영양 염류를 적정하게 공급하고 수목이 활착할 수 있는 기간을 충분히 두어 동해에 대한 저항성을 높이는 것이다.

 다음은 동해 예방 방법이다.

❶ 가급적 바람을 막아야 한다.

❷ 큰 나무의 경우 바람에 노출되지 않도록 수목을 감싸야 한다.

❸ 볏짚, 침엽수 잎, 스펀지 또는 비닐로 덮어야 한다.

❹ 보온 부직포(70g/m^2) 또는 겨울용 비닐(250구멍/m^2)로 수목을 덮어야 한다.

❺ 비닐하우스 또는 유리온실에서 겨울을 보낸다.

제일 많이 이용되는 동해 방지 방법은 ❹, ❺번으로, 수목을 덮는 부직포, 비닐, 그리고 겨울용 비닐을 이용할 경우에는 별도의 보온 시설이 필요가 없다.

겨울철 피복용 비닐은 바람의 저항력을 높이고, 높은 습도와 곰팡이 발생을 낮추며, 외부 온도의 적응성을 높이기 위해 통풍이 가능한 작은 구멍이 필요하다. 동해 방지를 위해서는 첫 서리가 내리기 전에 완료해야 한다.

이중 부직포와 보온 덮개를 설치하고 충분히 환기를 하면 온도가 -6℃ 이하로 떨어지거나 비닐하우스 내 온도가 급격히 상승하는 것을 막을 수 있다.

〈동절기 컨테이너 재배 시 관상수의 뿌리가 고사될 수 있는 온도 범위〉

수종	학명	온도(℃)
회양목	Buxus sempervirens	-2.7
서향	Daphne odora	-5.0
목련	Magnolia kobus	-5.0
남천	Nandina domestica	-5.0
화살나무	Euonymus alatus	-7.2
주목	Taxus cuspidata	-8.3
단풍나무	Acer palmatum	-9.4
뿔남천	Mahonia japonica	-12.2
서양측백나무	Thuja occidentalis	-12.2
가문비나무	Picea jezoensis	-23.3
물싸리	Potentilla fruticosa	-23.3

※ 자료 : Bärtals(1995).

회양목   서향

목련   남천

화살나무　　　주목

단풍나무　　　뿔남천

서양측백나무 가문비나무 물싸리

08 | 병충해 관리

   조경수는 기후와 토양에 따라 환경적 요인이나 인위적 원인, 생물적 요인에 의하여 피해를 받을 수 있기 때문에 주기적으로 세심한 관찰이 필요하다.

   그리고 토양 환경, 기상 상태, 대기 오염, 인간에 의한 교란 및 조경수 이식 등으로 인하여 병해충에 대한 저항성이 낮아지기 때문에 생육 초기부터 튼튼한 골격이 형성되도록 관리하고 적기에 필요한 약제를 살포해야 한다.

   외부의 기후 환경이 건조하면 응애류, 방패벌레류 등이 많이 발생되고, 너무 습하면 흰가루병, 깍지벌레류 등이 많이 발생한다.

   컨테이너 재배 수목의 병충해 방제 역시 주기적으로 발생되는 시기를 고려하여 예방 작업을 해야 한다.

주요 병해	피해 수종	병징과 피해	작물 보호제
소나무 재선충병	곰솔, 소나무, 잣나무, 섬잣나무, 낙엽송 등	매개충인 솔수염하늘소의 몸에 부착하여 기주목에 침입, 침입 후 6일이면 잎이 밑으로 처지고 30일이 지나면 잎이 적변하여 감염된 수목은 100% 고사	-피해목은 조기 발견 후 벌채소각 -관주처리용 선충탄 액제 -수간주사용 인덱스 유제
적성병	사과나무, 꽃사과, 산나무, 모과나무, 배나무, 야광나무 등	잎과 줄기에 동포자의 돌기가 형성되고, 한천모양처럼 부품	-석회유황합제 -바리톤
흰가루병	장미, 배롱나무, 단풍나무류, 참나무류 등	잎의 앞·뒷면 또는 꽃봉오리에 백색 반점이 생김	-석회유황합제 -만코지수화제
부란병	사과나무, 꽃사과, 아그배나무, 야광나무 등	수피가 괴사되어 말라 죽거나 수세가 약해짐	-지오판도포제 -포리겔도포제
빗자루병	벚나무, 오동나무 등	가지의 일부에 황록색의 빗자루 같은 잔가지가 모여 남	-옥시마이신 -테라마이신

주요 충해	피해 수종	병징과 피해	작물 보호제
소나무좀	소나무, 곰솔, 잣나무	수피에 구멍을 뚫고 들어가 갉아 먹어 양분의 이동을 차단	-메프유제 -입제살충제
회양목 명나방	회양목	유충이 실을 토하여 잎을 묶고 표피와 엽육만 갉아 먹음	-에토펜프록수화제
응애	소나무, 곰솔, 장미, 벚나무류, 매화	잎 뒷면에 기생하여 흡즙하며 잎이 황변하여 낙엽이 짐	-살비왕 -방패단
미국 흰불나방	낙엽활엽수 (침엽수 제외)	유충기에 실을 토하여 잎으로 집을 만든 후 엽육을 갉아 먹음	-나크수화제 -델타린유제
방패벌레	버즘나무, 물푸레나무, 철쭉류	잎을 흡즙하며 그을음병처럼 만들고 잎이 황변함	-에토펜프록수화제

※ 자료 : 조경식물학(2008), p155~159.

Chapter 05

판매 및 유통

01 | 개요

 일반적으로 노지 재배를 하는 조경수 농장에서는 휴지 기간이 있어 연중 판매가 불가능하지만, 컨테이너 재배 농장의 경우 연중 판매가 가능하다. 이러한 컨테이너 재배의 장점은 첫 번째, 식재 부적기에도 조경수 판매가 가능해 인력비나 높은 시설 투자 비용 등에 대한 손실을 평준화한다는 점이다.
 두 번째는 나근묘와 근분묘를 비교할 때 건해와 동해가 적은 컨테이너 재배 수목이 수익 창출적 측면에서는 유리하다는 점이다. 컨테이너 재배 수목은 모든 뿌리를 보유하고 있으며 자연히 좋은 배양토가 사용되어 식재가 간편하다.
 세 번째는 컨테이너에서 재배된 수목이 질적인 면에서 우수하다는 점이다. 컨테이너 수목의 경우 꽃이 활짝 핀 상태이거나 잎이 가득한 상태 또는 열매가 풍성한 상태에서 판매가 가능하다. 부연 설명이나 사진을 통한 설명이 따로 없이 수목 자체의 가치가 보증된다.
 경우에 따라서는 노지 재배의 나근묘에 비해 컨테이너 재배 수목의 운송 무게가 무겁고 부피도 크며, 컨테이너의 뿌리 건조로 인해 생육이 저하될 수 있다는 단점이 있다. 그리고 컨테이너에서 오랜 기간 수목을 재배하기에는 보관 능력이 제한적이고, 식재 후 컨테이너의 재활용에 대한 문제점도 야기될 수 있다.

컨테이너 재배 수목이 판매자와 소비자 모두에게 이득이 된다는 것은 명백한 사실이다. 하지만 예상되는 모든 어려운 문제들을 피해가기 위해서는 이미 알려진 문제들에 대한 해결책을 찾아보아야 한다. 정확한 대비책 마련과 충분한 설명을 따른다는 것은 생산자 스스로의 관심사에 달렸다. 생산자는 규격보다 큰 화분 또는 너무 작은 화분에 식재된 수목과 나선형 뿌리 현상이 있는 수목이 시장에 나가지 않도록 유의해야 한다. 특히 식재 후 토양 활착에 문제가 발생될 수 있는 수고가 높게 생장되는 수종이 여기에 해당된다.

생산자는 이러한 모든 의구심과 위험성을 해결하기 위해 심도 깊은 연구가 필요하다. 어떻게 효율적으로 컨테이너 수목을 전시해야 하는지 또는 물을 관수하고 동해 방지는 어떻게 해야 하는지에 대해 조경수 판매자에게 자문하여야 한다. 생산자는 수목이 과생장 조짐을 나타낼 때는 즉시 큰 컨테이너에 옮겨 심어야 한다. 컨테이너 재배를 하는 정원수 농장 소유자 및 경영자는 수목 이식 전 집중적으로 컨테이너 재배 수목에 관수하며 규칙적이고 반복적으로 관수가 필요하다는 것을 기억해야 한다.

02 | 컨테이너 재배 수목 출하

노지 재배 수목의 경우 이식 시에 계절이 뿌리 활착에 크게 영향을 주지만, 컨테이너 재배 수목의 경우 폭염이나 한파를 제외하고는 계절의 영향을 받지 않아 이식이 가능하다.

컨테이너 재배는 수목을 이식하기 위해 캐내는 굴취, 분감기 작업 없이 컨테이너, 또는 자루에 담겨 트럭을 통해 운반, 상차, 출하가 가능하다. 다만, 컨테이너 재배 수목을 출하할 때에는 컨테이너 이동 전용 트랙터, 지게차 등을 이용해야 한다.

컨테이너 이동 전용 트랙터

Chapter 06

컨테이너 재배 국외 사례

01 | 조경 선진국의 컨테이너 재배 사례

『도시 녹화 및 정원 유형에 기반한 산업 표준 규격 설정 및 생산 기술 표준화』연구와 관련하여 독일, 네덜란드, 스위스, 스페인 및 일본의 선진 조경수 재배 농장 방문, 농장 관리자와의 면담 등을 통해 정원 식물 번식 방법, 컨테이너 재배 기술, 정원수 유통 및 생산 현장 사례 등에 대한 자료를 정리하였다.

국내 조경수 재배 기술은 외국의 조경수 재배 기술에 비해 연구 역사가 짧고 조경수의 생산 여건 또한 열악하여 선진 기술이 널리 보급되지 못하고 있는 실정이다. 특히 컨테이너를 이용한 조경수 생산 기술은 아직 미비하며, 이에 대한 연구의 필요성이 요구된다.

선진 조경수 생산 국가인 독일의 Köhler 농장은 큰 규모에서 규격화된 수목을 생산하기 위해 번식에서부터 제초 관리까지의 전 과정이 기계화된 시스템을 갖고 있다. 또한 Hügle 농장의 경우 조경수의 생산 뿐만 아니라, 시공, 유지 관리, 교육 등 원예 및 조경 전반의 사업을 시행하고 인근 학교와 협동하여 조경수 생산의 이론 및 실습 교육을 함께 진행한다. 또한 친환경적 농장 관리와 소비자와의 소통을 위해서 다양한 노력을 기울인다.

　네덜란드는 도시 녹화용 식물의 체계적인 생산 기술력을 보유하고 있고, 수십 개 국가에 정원 식물을 수출하여 운송이나 포장 등 유통 전반에 있어서도 높은 기술력과 관리 능력을 갖고 있는 국가이다. 네덜란드의 Boomkwekerij Ebben 조경수 농장은 약 450ha의 대단지 재배 면적을 보유하고, 세계 60개국으로 조경수를 수출하는 농장으로, 수목의 식재와 제초 등의 유지 관리, 판매를 위한 수목 굴취, 컨테이너 재배 등 모든 공정을 자동화하고 기계화하였다. 약 50ha 규모의 Harry Menkehorst 조경수 농장은 조경수 재배 기술 개발뿐만 아니라 수목의 식재 및 운반에 필요한 기기장비 등도 개발하는 농장으로, 체계적이고 지속적인 재배 기술 개발과 연구 실험을 통해 고품질의 수목을 생산한다. 부직포 컨테이너를 이용한 규격묘를 재배하며, 작업이 용이하고 균일한 수목을 생산할 수 있도록 베드를 이용하여 수목을 생산한다. 자동화되고 기계화된 생산 기술을 바탕으로 규격화된 수목을 생산하여 국내는 물론 국외까지 수출하는 농장 시스템을 갖고 있다.

　스위스의 Kessler 조경수 농장은 소규모 농장이지만 체계적이고 꾸준한 연구와 실험을 통해 고품질의 조경수들을 생산한다. 또한 소비자들이 조경수의 이용에 대한 내용을 쉽게 이해하도록 조경 공간 모델을 만들고 전시함으로써, 소비자의 선택에 도움을 준다. 이 농장의 컨테이너 용기의 이동수레, 나선형 뿌리 방지를 위한 기술 등은 국내 조경수 농가에도 충분히 적용할 수 있을 것으로 판단된다.

독일의 조경수 농원 및 판매 센터

❶ Hügle 농원

위치 : Baumschule Hügle

　　　Köndringerstr. 14

　　　79331 Teningen-heimbach

　　　www.huegle-gartenwelt.de

규모와 특징

- 독일 테닝겐 지역의 조경수 농장으로 3대째 가족 경영을 하고, 현재 교육생 2명을 포함하여 총 6명이 근무한다. 생산된 조경수는 유통 센터나 경매장에 납품하지 않고, 개인 소비자나 조경 회사에 주로 판매한다. 전체 약 2.5ha의 면적에서 300~400여 종의 조경수를 생산한다.

- 물 호스나 스프링클러를 이용한 두상 관수, 관수 라인을 이용한 점적 관수 또는 저면 관수 등을 이용하여 관수한다.

포장마다 설치되어 있는 관수 라인

수목 굴취 기계

- 번식은 삽목을 하기도 하지만, 대부분의 경우 아일랜드 등 북유럽에서 묘목을 구매하여 이식한다.
- 삽목묘를 직접 생산하거나 어린 묘목을 구매하여 노지에서 재배한 후 컨테이너에 이식하여 2~3년 정도 재배하여 판매한다.
- 수목의 굴취는 굴취기를 이용하는데, 수목의 사이즈에 따라 굴취하는 날의 크기를 달리 한다.

❷ Keller 센터

위치 : Pflanzencenter Keller GbR

　　　Weissmattenweg 1

　　　79364 malterdingen

　　　www.pflanzen-keller.de

규모와 특징

- 1986년에 설립된 가족 회사로 주로 무역과 개인 고객을 위한 원

Keller 센터 전경

다양한 조경수

예 자재를 생산하고 판매한다.
- 연중 판매하고 있는 품목은 다년생 식물과 조경수, 원예 및 조경 자재와 정원 시설물 등이 있다.
- 계절별 또는 절기별로 판매하는 품목이 있다. 봄과 부활절에는 물망초, 데이지, 수선화, 앵초, 팬지 등을 판매하며, 절기별 초화류는 잘 알려진 품종 뿐만 아니라 질병에 강한 품종을 육종하여 판매하기도 한다.

❸ Hils-Koop 농원

위치 : Hils-Koop GartenBaumschule & Floristik
　　　Walter-Flexstr. 2-4
　　　79100 Freiburg
　　　www.hils-koop.de

규모와 특징
- 4대에 걸쳐 100년 역사를 가진 가족 회사로 도심 한 가운데 위치한다. 약 75종의 장미, 50종 이상의 과일나무, 100여 종의 덩굴 및 울타리 식물 등 다양한 조경수의 생산은 물론 식물에 관련된 모든 상품들을 취급하며, 플라워 디자인 사업도 병행하여 도시민들에게 생활 속 정원에 대한 전반적인 서비스를 제공한다.
- 4ha의 면적에 8명이 함께 일하고 있으며, 생산되는 조경수의 약 70%는 개인 소비자에게 판매하고, 30%는 조경 회사 등에 납품한다.

조경수의 지중 재배   관수 후 남은 물의 배수 처리 시설

- 농장 전체를 23개의 구역으로 나누어 각각의 구역을 자동화 시스템에 의해 따로 관리한다.
- 관수는 두상 관수를 하지 않고 바닥에 물을 흘려주어 용기의 아래쪽에서 저면 관수하는 형태로 시행하며 이때 비료를 물에 희석하여 사용한다.
- 조경수 컨테이너 재배의 경우 겨울철 관리가 중요하다. 월동의 민감성에 따라 소목을 분류하여 노지에 두거나, 비닐하우스, 유리온실 등에서 관리한다.
- 지중 재배를 통해 겨울철 동해나 여름철 고온의 피해를 줄일 수 있게 한다.
- 노지에서 재배한 후 컨테이너로 이식하여 2~3년 재배 후 판매한다.

❹ Brossmer 농원

위치 : Baumschule Brossmer

Johan-Baptist-von Weissstr. 28

77955 Ettenheim

www.brossmer.de

규모와 특징

- 4대째 가족 경영의 형태로 운영되고 있는 역사가 깊은 농장이다. 1950년에 화훼류를 생산하기 시작하여 현재 50ha 면적에 조경수를 재배한다.
- 현재 약 30명의 직원이 있고, 시즌에 따라 50명의 추가 직원을 고용한다. 주 거래처는 조경 회사 60%, 지역주민 25%, 가든센터 15%로 판매되고 있으며, 주로 3~6월, 10~12월에 판매가 이루어진다.
- 전체적으로 관수는 스프링클러 방식보다는 저면 관수나 점적 관수 방식을 사용한다.
- 나선형 뿌리 현상을 방지하기 위한 대안으로 측면에 공기구멍이 있는 컨테이너를 이용하여 재배 테스트를 하고 있다. 식물의 크기에 따라 소재를 원하는 규격으로 변형할 수 있기 때문에 다양한 규격으로 적용이 가능하다.
- 출하 시에는 플라스틱 소재를 벗겨내고 황마로 뿌리를 감싸서 출하한다.
- 넓은 규모에서 규격화된 수목을 생산하기 위하여 많은 부분들이

 나선형 뿌리 방지를 위한 재배 용기
 컨테이너 재배

기계화 및 자동화가 되어 있어 하루에 약 500그루의 수목을 식재할 수 있다.

❺ Köhler 농원

위치 : Köhler Baumschulen Hammersbach Str. 56

  63486 Bruchköbel

  www.baumschule-koehler.de

규모와 특징

- 1956년 과실수의 온실 재배로 사업을 시작하였다. 1972년부터 조경수 컨테이너 재배를 시작하고, 노지 재배와 컨테이너 재배, 온실 재배 등 총 66ha의 재배 면적을 보유하고 있다. 약 30명의 직원이 함께 일하며, 실습생 및 직원은 3주간의 훈련 과정을 거쳐 전문적인 업무를 수행한다.
- 삽목을 이용한 번식부터 8m 이상의 대형목까지 생산하며, 일부

자동화된 제초 제거 기계   조경수의 노지 재배

개인 소비자에게도 판매하지만 대부분은 조경 회사를 통해 판매한다.

- 약 20ha의 면적에서는 삽목 및 접목을 이용한 번식 및 겨울철 관리 및 특수목 생산을 하며 삽목의 경우 플러그에 삽수를 1년 정도 발근시킨 후 용기에 옮겨 생산한다.
- 노지 재배와 컨테이너 재배의 비율은 약 7:3 정도로 생산되고 있다. 생산 방식은 대부분 기계화로 진행되며, 70%는 기계가 30%는 사람에 의해서 작업이 이루어진다.
- 컨테이너 재배를 통해 연중 판매(여름철 판매)가 가능하다. 또한 현장 식재 시 상록수의 경우 컨테이너 재배로 생산한 수목이 하자율이 더 적고 안전하다.

네덜란드의 조경수 농원 및 판매 센터

❶ B&P 농원

위치 : B&P Handelskwekerijen

Hoofdstraat 74-76

4041 AE Kesteren

www.bpboomkwekerijen.eu

규모와 특징

- 컨테이너 재배와 노지 재배를 동시에 운영하며, 정원수, 가로수, 과실수, 울타리 식물 등 다양한 수종을 150ha의 큰 면적에 재배한다.
- 컨테이너 재배 시설로 연중 균일한 조경수를 생산하고 판매하며, 근원 직경이 6~30cm인 다양한 크기의 수목을 재배하여 프랑스, 독일, 이탈리아 등 유럽 15~16개국에 수출한다. 최근에는 중국에 조경수목을 수출하기 위해 시도하고 있다.

자동화된 새로운 묘목 재배 기술

부직포 컨테이너 재배(잔디 통로)

- 컨테이너 재배 시 일반 플라스틱의 컨테이너를 사용하지 않으며, 이동이 용이하고 재질이 강하여 잘 부서지지 않는 부직포 컨테이너를 사용한다.
- 4개의 기업이 협력하여 공동으로 농장을 경영한다.
- 여러 가지 조경생산에 필요한 자재와 수목 굴취기 등 새로운 장비를 개발하여 사용하고 판매도 한다.

❷ Harry Menkehorst 농원

위치 : Harry Menkehorst

　　　　Nieuwe Grensweg 157

　　　　7552 PA Hengelo

　　　　www.menkehorst.nl

규모와 특징

- 3대를 이어온 가족 농장으로 약 50명의 직원과 90ha의 재배 면적을 보유하고 컨테이너와 노지 재배를 동시에 운영한다.
- 수고 180cm 수목과 근원경 14~20cm의 수목을 주로 생산하고 개인 소비자 또는 가든 센터와 조경 회사 또는 조경 가드너들에게 직접 판매하며, 생산된 수목의 20%는 수출을 하고, 80%는 수입을 해서 다시 수출한다.
- 매년 조경수 및 화훼류 등을 전시하며 약 200명 정도의 가드너들이 참석하고 5,000종류의 식물이 전시되기도 한다. 약 17,000종류의 식물을 판매한다.

나무 종류에 따른 컨테이너 재배 방법   특수 형태 수목의 컨테이너 재배 기술

- 나근묘, 컨테이너 묘, 루트볼 형태 중 컨테이너 형태의 수목이 나근묘보다 약 2배 이상 비싸게 판매된다.
- 조경수 재배의 인건비 절감을 위한 굴취 장비 등을 개발하여 판매한다.
- 가로수, 정원수, 묘목 등을 수입하거나 수출하고 정원수, 울타리 식물, 수생 및 습지 식물, 과수, 장식용 수목, 잔디 등을 생산한다.

❸ Ebben 농원

위치 : Boomkwekerij Ebben

       Beerseweg 45

       5431 LB Cuijk

       www.ebben.nl

규모와 특징

- 네덜란드 Cuijk 시에 위치한 Ebben 조경수 재배 농장은 1862

판매 대기 중인 컨테이너 재배 수목　　　　　　　대형 조경수목

　년 설립하였으며 약 450ha의 대단지 조경수 재배 면적을 보유하고 세계 60개국으로 조경수를 수출한다. 전체 직원은 약 80~90명 정도이며 이들 중 80%는 조경수 재배 생산 분야에 종사한다.

- 4대를 이어온 가족 농장으로 ISO 9001 인증 및 네덜란드 조경수 협회의 회원으로 등록되어 있으며, 조경 디자인과 함께 옥상정원 및 실외정원 등을 운영하는 농장이다.
- 교목류, 관목류, 특수형 나무, 덩굴류, 과수 및 방풍림 등을 재배하는 큰 규모의 농장이며, 나무의 수종에 따라 주로 큰 나무는 노지 재배를 하고 작은 수종은 컨테이너 재배를 한다.

스위스의 조경수 농원 및 판매 센터

❶ Kessler GmbH 농원

위치 : Baumschule Kessler GmbH

　　　Haslenstrasse 1a

　　　8862 Schübelbach

　　　www.baumschule-kessler.ch

규모와 특징

- 스위스 인터라켄에 소재한 조경수 생산 및 유통 회사로, 1,200여 종의 조경수를 총 면적 2ha에서 생산한다. 관리 인원은 모두 4명이며, 컨테이너를 이용한 조경수 재배를 주로 한다.
- 농장은 크게 12개의 포장으로 나누어 관리되며 컴퓨터 시스템에 의해서 날씨, 식물의 상태 등에 맞춰 정확하게 분류되어 관수와 시비가 이루어진다. 관수 시에는 기계 장치로 pH를 조절하여 알칼리성이 높은 지하수로 인해 식물 표면에 얼룩이 생기는 것을

관리 유형에 따라 분류된 생산 포장

수목의 정보가 담긴 태그

방지한다.

- 각 수목에는 수목의 이름, 크기, 가격, 품질 등의 정보가 기록되어 있는 태그(Tag)가 붙는다. 이는 컴퓨터에 기록되어 관리가 수월할 뿐만 아니라 소비자의 요구에 적합한 수목을 즉시 제공할 수 있다.

❷ Hornbach 센터

위치 : Hornbach

　　　　Längfeldweg 140

　　　　2504 Biel

　　　　www.hornbach.ch

규모와 특징

- 다양한 화훼류와 조경수는 물론 작은 화분부터 전문가의 손길이 필요한 정원 시설물까지, 다양한 재료와 자재들이 DIY 형태로

Hornbach 센터 전경

다양한 조경수

구매할 수 있도록 전시되어 있다.
- 유럽인들의 정원 문화가 얼마나 잘 발달해 있는지 살펴볼 수 있는 원예 자재 센터이다.

스페인의 조경수 농원 및 판매 센터

❶ Penitas Viveros 농원

위치 : Penitas Viveros Co.

Apartado 229

45600 Talavera de la Reina

www.viverospenitas.es

규모와 특징

- 스페인의 수도 마드리드의 외각 지역에 위치한 조경수 농장은 약 140ha의 재배 면적을 가지고 있으며, 아열대 또는 열대 지방의 수목을 주로 재배하고 종사하는 직원은 약 35명 정도이다.
- 마드리드는 여름철 온도가 높기 때문에 한여름에는 차광막을 이용해서 온도를 조절해주며 강우량이 적어 가까운 강에서 물을 공급받는다.
- 주요 재배 식물은 올리브나무이며 300년 정도 된 올리브나무들도 있다.
- 컨테이너 재배를 주로 하며 컨테이너에 수목을 이식한 후 약 5~6년 정도 재배하여 판매하고, 식물이 자라는 속도와 크기에

올리브나무의 대형 컨테이너 재배 　　　　　　　컨테이너 재배

따라 더 오랜기간 동안 컨테이너에 재배할 수도 있다.
- 농장에서 생산된 조경수는 이탈리아, 터키, 포르투갈, 독일 등 유럽의 여러 국가에도 수출한다.

일본의 조경수 농원 및 판매 센터

❶ 후쿠오카 분재원

위치 : Bonsai of Fukuoka

　　　　7-7 Higashikoen, Hakata ward,

　　　　Fukuoka city

　　　　Fukuoka prefecture

규모와 특징
- 1971년에 설립되어 25년의 역사를 지닌 조경수 생산 기업으로 가족 중심으로 운영되다가 2005년 법인으로 바뀌었다. 정직원

조경수의 출하 과정 　　　　　　　　　컨테이너 재배

은 약 6명이며 성수기에는 직원을 고용하여 조경수를 생산하고 수출한다.

- 1995년부터는 생산과 함께 조경 공사 사업을 시작하였으며 6년 전(2010년)부터는 해외 수출을 시작하였다. 현재는 베트남, 중국, 대만, 유럽 등에 400여 종의 조경수를 수출한다.
- 노지 재배와 컨테이너 재배를 함께 병행하고 있지만 녹화 현장에서 필요한 조경수를 때에 맞게 사용하기 위해서 컨테이너 재배를 확대하고 있다.
- 묘목을 큰 컨테이너 용기에 심어 재배하거나, 노지에 컨테이너로 이식하여 재배한다. 컨테이너에서 재배된 조경수가 품질이 좋고 경제성이 좋아서 주로 컨테이너 재배를 하며, 플라스틱 용기보다는 부직포 용기를 선호한다.

❷ **치바 분재원**

위치 : Bonsai of Chiba

　　　1-1 Ichiba-cho, chuo-ku, chiba city,

　　　Chiba Prefecture

규모와 특징

- 소형 교목과 관목 및 덩굴류 등을 생산하며, 주로 컨테이너 재배를 통해 정원수와 가로수를 재배한다. 약 300종의 정원수와 가로수의 수종을 보유하고 있다.
- 노지 재배와 컨테이너 재배를 병행하며 수목의 전체적인 생산과 관리는 대체로 수작업이나, 일부분 자동화 시설을 갖추고 있다.
- 분재는 대만, 중국, 홍콩, 싱가폴, 미국, 유럽, 영국 등 세계 여러 곳으로 수출한다.
- 네덜란드, 독일, 이탈리아에서도 일본 정원을 선호하게 되면서 정원용 조경수목이 지속적으로 수출된다.

분재 생산

수출용 분재

- 연간 매출은 수출 기준으로 약 40억 원이며 소규모의 농장임에도 불구하고 높은 수출액과 고소득을 창출한다.

❸ 가와구치 센터

위치 : Gawaguchi Center

　　　334-0058 川口市安行領家 844-2

　　　www.jurian.or.jp

규모와 특징

- 1996년 사이타마현 가와구치시에 설립된 가와구치시 직영 수목 거래 센터로 조경사단법인협회가 함께 활동하고 있는 공인 재단법인 녹화 센터이다.

- 일본 최대 조경수 소비지인 동경에 인접하여 교통망이 좋아 수목 거래의 거점이자 정보 교류장의 기능을 하고 있으며, 15,000m^{2}의 면적과 5층 건물을 보유하고 판매장, 휴게실, 자료 전시장, 회

가와구치 센터의 입구

실외 조경수 판매장

의실, 정보 센터, 옥상 정원, 라운지 등 시설을 갖추었다.
- 연중무휴로 식물과 조경수, 부자재를 판매하며, 향후 녹지보전을 위한 수목 유통의 거점이다.
- 지역주민을 대상으로 기술연수사업, 전시회, 원예에 대한 정보를 제공하고 있고 도시 녹화의 보급 사업을 도모한다.

❹ 안교 원예 센터

위치 : Engei Center

埼玉県川口市大字安行 1159-2

www.engei-center.com

규모와 특징

- 조경수 유통 단지 안교 지역에 위치한 안교 원예 센터는 농협에서 운영하는 유통 센터로 센터 직원 6명과 조합원 약 60명으로 구성되었다.
- 안교 원예 센터는 농업 생산에 대한 협력을 도모함으로써 생산성을 향상시키고 조합원의 이익을 증진시키며, 농업 후계자를 육성·지원하여 농가 경제를 향상시키고 소비자와의 교류를 통해 녹화 산업을 증진시키는 것을 목적으로 한다.
- 배양토, 비료, 농약, 화분, 기타 원예 자재와 조경수를 중심으로 관리·판매된다. 또한 생산자 각자에게 지정된 판매 장소를 제공하며 판매되는 식물과 조경수에는 생산자, 임령, 수종, 가격 등 식물과 관련된 정보들이 적힌 태그를 부착하여 소비자가 구매

안교 원예 센터 입구   안교 원예 센터 전경

시 정보를 활용할 수 있도록 한다.
- 안교 원예 센터에서는 조경 공사를 공동으로 주문받아 조경 설계 및 시공을 하며, 센터를 방문한 소비자들과 지역주민에게 병충해에 대한 상담과 식물 관리 요령에 대한 정보를 제공한다.

부록

성목 재배용 컨테이너 용기

시판용 플라스틱 컨테이너

❶ 망 포트

- 노지에 이식할 때 뽑지 않고 그대로 큰 포트나 노지에 옮길 수 있다.
- 공기에 노출되는 면적이 넓은 것이 특징이며, 세근이 많이 나오고 나선형 뿌리가 발생하지 않는다.

- 제품 규격 및 단가

2018년도 기준

호수	윗면(cm)	밑면(cm)	높이(cm)	단가(원)
5호	15	11	10.5	500
8호	24	18	16.5	1,000
대	45	37	34	6,000
KX	27	23.5	30	3,000

- 제품 판매처 : 조이가든 센터 (www.joygarden.co.kr)

KX 대 8호 5호

- 제품 규격 및 단가

2018년도 기준

호수	직경(cm)	높이(cm)	단가(원)
3.5호	11	7.5	120
4호	12.5	9.7	180
5호	15	10	200
6호	18.5	11.5	300
7호	21	12.5	400
8호	24	16	500

- 제품 판매처 : 곰솔원예자재 (www.ksbonsai.com)

❷ PIP(Pot In Pot)-컨테이너

- GL(겉)포트와 EG(안)포트 2개가 한 쌍으로 이루어진다.
- EG포트에 식재할 나무를 심고 GL과 EG포트를 겹쳐 땅에 심는다.
- 1~2년 후 재이식(분갈이, 판매)할 경우 GL포트는 땅속에 그대로 남겨두고 EG포트만을 뽑아 사용할 수 있어 편리하다.

- 제품 규격 및 단가

2018년도 기준

호수	직경(cm)	높이(cm)	부피(L)	단가(원)
GL-2000	28	28	15	7,000
GL-2800	35	30	25	10,500
GL-4000	36	36	34	12,500
GL-6900	44	38	50	13,500
GL-8000	50	43	74	17,500

호수	직경(cm)	높이(cm)	부피(L)	단가(원)
EG-2000	28	28	15	7,000
EG-2800	35	30	25	10,500
EG-4000	36	36	34	12,500
EG-6900	44	38	50	13,500
EG-8000	45	43	74	17,500

- 제품 판매처 : 조이가든 센터 (www.joygarden.co.kr)

❸ Root Routing Pot

- 뿌리가 물과 영양분을 섭취하는데 이롭도록 독특한 모양으로 디자인되었다.
- 용기 측면에 굴곡을 주어 나선형 뿌리가 생기는 것을 방지한다.

- 제품 규격 및 단가

2017년도 기준

부피(gallon)	부피(L)	가격($)
1	3.8	1.5
- 제품 판매처 : 이베이 (www.ebay.com)		

❹ Air-Pot / Root Pot

- 공기 전지 재배 방식으로 뿌리 성장이 촉진되고 나선형 뿌리를 방지한다.
- 수목의 생장과 뿌리분의 크기에 맞게 용기를 직접 제작할 수 있다.
- 뿌리분과 용기의 분리가 용이하다.
- 용기는 재사용할 수 있다.
- 제품 판매처 : www.calgrowers.com

❺ Round Mesh Bottom Pot

- 용기 하단의 구멍은 배수성이 좋아 건강한 뿌리를 촉진시킨다.
- 용기 상단에 이동하기 편한 크기의 고리가 있어서 쉽게 운반할 수 있다.

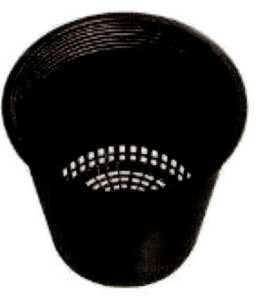

– 제품 규격 및 단가

2018년도 기준

호수	규격	가격($)
6″	6.8L×6.8W×50.0H	0.96
8″	9.1L×9.1W×38.7H	1.79
10″	12.0L×12.0W×38.0H	3.15
12″	13.0L×13.0W×56.0H	3.63

– 제품 판매처 : www.hydrofarm.com

❻ Square Black Pot

- 밑바닥에 다양한 배수 구멍이 있어 배수성과 통기성을 원활하게 한다.

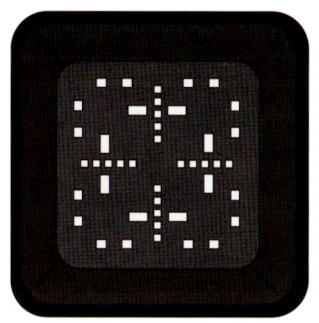

- 제품 규격 및 단가

2017년도 기준

호수	밑면(cm)	높이(cm)	가격($)
5″	12.7×12.7	17.78	1.04
6″	15.24×15.24	20.32	1.29
7″	17.78×17.78	22.86	2.09
9″	22.86×22.86	25.40	3.12
12″	30.48×30.48	30.48	4.16

- 제품 판매처 : www.hydrofarm.com

❼ Wide Rip Bucket Basket

- 망 포트 형태로 세근이 많이 발생되고 나선형 뿌리가 발생하지 않는다.
- 용기 상단의 립이 넓어서 지중 재배 시 안포트로 사용할 경우 겉포트와의 분리가 용이하고 겉포트와의 공간을 차단해 병충해를 방지한다.
- 용기 상단의 립이 넓어서 용기 이동 시 편리하다.

- 제품 규격 및 단가 : 12.0L×12.0W×20.0H → $2.68
- 제품 판매처 : www.hydrofarm.com

❽ 캐나다 컨테이너 용기 Ⅰ

- 조립식으로 제작되어 용기를 고정하는 고정핀만 뽑으면 뿌리분과 용기를 간단하게 분리할 수 있다.
- 뿌리분이 큰 수목을 재배할 때 유용하다.

- 용기 안에 일직선의 골격이 있어, 나선형 뿌리 발생을 방지하고 뿌리를 아래로 유도한다.

❾ 캐나다 컨테이너 용기 Ⅱ

- 용기를 계단 형식의 고깔 모양으로 제작하여 나선형 뿌리를 방지한다.

❿ 공기 단근 리브형 조경수 재배 용기

- 용기의 표면에 다수의 공기 구멍이 있어 나선형 뿌리 발생을 방지한다.
- 용기 내측에 리브형 돌기를 형성하여 나선형 뿌리의 발생을 방지한다.

- 용기 하단의 구멍은 배수성과 통기성이 우수하여 건강한 뿌리를 촉진한다.
- 제품 개발사 : ㈜더푸른

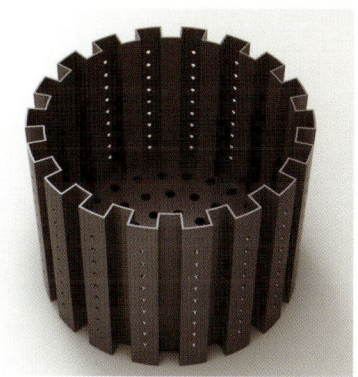

⓫ 루트스커트형 조경수 재배 용기

- Bag In Pot 형태의 이중 용기로 편향된 햇빛에 의한 뿌리 쏠림 현상을 방지한다.

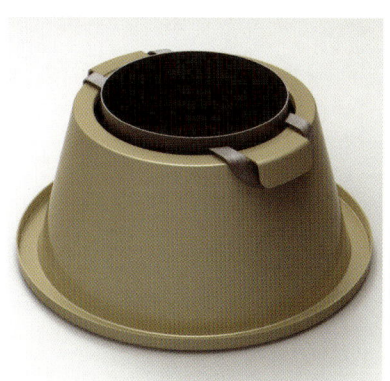

- 외측 용기와 내측 용기 사이의 공기층으로 인해 용기 내 지온의 안정화 효과가 있다.
- 출하 시 외측 용기는 재사용하고, 내측의 부직포 용기만 출하되어 경제적이다.
- 내측 부직포 용기의 경우 다공질 표면으로 공기 단근을 통해 나선형 뿌리 발생을 방지한다.
- 수목이 바람에 의해 전복되는 것을 막는다.
- 제품 개발사 : (주)더푸른

⓬ The Awesome Pot(Closed Top Bag)

- 자기 멀칭이 가능한 결합 조정 끈이 있어 토양의 수분 증발을 막아주고 빛 조절이 가능해 용기 안에 뿌리가 상단까지 성장하게 한다.
- 단열재 기능이 있는 부직포를 사용하여 온도 조절이 가능하다.
- 용기의 하단과 중간에 끈이 있어 바람에 의한 도복을 방지한다.
- 이식이 손쉬워 뿌리의 스트레스를 최소화한다.
- 제품 규격 및 단가
- **규격**(Gallon) : 5, 10, 30, 50

- 가격: $2~21.99
- 제품 판매처 : www.amazon.com

❸ 부직포 컨테이너

- 용기의 양끝에 손잡이를 설치하여 이동할 때 편리하다.
- 용기의 안에 조정 끈이 있는 부직포를 연결시켜 멀칭의 효과를 주고 토양의 수분을 유지시킨다.

⓮ Smart Pots With Handles

- 용기가 가볍고 심플한 디자인으로 보관 시 간편하고 재사용이 가능하다.
- 고온에서 뿌리의 피해를 방지할 수 있으며 운반 시 손잡이가 있어서 편리하다.
- 용기 자체로 이식이 가능하다.
- 측면 뿌리는 용기 밖으로 그대로 생장이 가능하여 나선형 뿌리가 발생하지 않는다.

- 제품 규격 및 단가

2018년도 기준

호수	부피(L)	가격($)
#3	11.6	7.95
#5	19.3	8.95
#7	26	9.95
#10	41	11.95
#15	60	15.95
#20	74	16.95

- 제품 판매처 : www.smartpots.com

⓯ The Smart Pot(no handles)

- 용기가 가볍고 심플한 디자인으로 보관 시 간편하고 재사용이 가능하다.
- 황갈색으로 고온의 영향을 적게 받고 공기 배출을 향상시킨 특수 소재로 뿌리 성장에 좋다.

– 제품 규격 및 단가

2018년도 기준

호수	부피(L)	가격($)
#1	3.8	3.99
#2	7.6	4.49
#3	11.6	7.95
#5	19.3	8.95
#7	26	9.95
#10	41	11.95
#15	60	13.95
#20	74	15.95
#25	93	16.95
#30	122	17.95
#45	168	19.95
#65	237	24.95
#100	371	32.95
#200	742	52.95
#300	1113	74.95
#400	1514	88.95

– 제품 판매처 : www.smartpots.com

⓰ Smart Transplanter

- 이식 시, 용기와 뿌리분이 쉽게 분리될 수 있도록 측벽에 개구부가 있다.
- 제품 규격 및 단가

2018년도 기준

부피(Gallon)	부피(L)	가격($)
1	3.8	2.55
2	7.6	3.55
- 제품 판매처 : www.smartpots.com		

⓱ Root Pouch

- 통기성 섬유를 사용해 뿌리의 호흡이 원활하고 배수성이 우수하다.
- 손잡이를 포함하고 있어 이동 시 편리하다.
- 용기는 산업용 강도의 스티치로 제작되어 튼튼하고 재활용이 가능하다.
- 제품 규격 및 단가

2018년도 기준

부피(Gallon)	부피(L)	가격($)
1	3.8	1.00
2	8.0	1.50
- 제품 판매처 : www.rootpouch.com		

참고 문헌

강태훈(2009), 컨테이너를 이용한 수목 생산 기술에 관한 연구, 한국조경학회 추계학술대회논문집. p. 39.

권영휴 외 2인(2013), 정원관리 매뉴얼, 푸른행복.

권영휴 외 3인(2014), 돈이 되는 나무, 푸른행복.

김용식 외 26인(2014), 최신 조경식물학, 광일문화사.

김이열(2003), 코코피트와 피트모스의 특성, 토양과 비료 13: pp. 14~21.

문석기 외 4인(1998), 조경설계 요람, 도서출판조경.

박진면 외 4인(2015), 과수원 토양관리와 비료, 더북가든.

산림청 사유림지원과(2000), 산림과 임업기술, 산림청.

서현덕 외 2인(2014), 세계의 선진 조경수 기업양묘장을 찾아서, 한국농촌경제연구원.

손인기(2013), 컨테이너를 이용한 수목 생산 기술 개선방안에 관한 연구, 공주대학교대학원 석사학위논문.

안봉원 외 17인(2014), 조경수생산관리론, 문운당.

우승한(2015), 바이오차, 좋은땅.

윤택승(2007), 선진 조경수목의 컨테이너 재배 기술 I, 조경수 97: pp. 37~38.

조연희(2014), 컨테이너를 이용한 재배 방법에 따른 조경수의 생장 비교, 호남대학교대학원 석사학위논문.

한국조경사회(2010), 조경공사적산기준, 환경과조경사.

한국조경학회(2014), 조경공사 표준시방서, 한국조경학회.

한동훈(2014), 조경산업 선진화를 위한 조경수 생산·유통시스템 개발 및 유통센터 구축 방안에 관한 연구, 산림청.

황재홍 외 5인(2013), 최적규격의 묘목 생산을 위한 시설양묘 시업기술 개발, 국립산림과학원.

Bärtels, A. (Hrsg.). 1995. Der Baumschulbetrieb. Eugen Ulmer KG, Stuttgart, p. 739.

Beitz, E. 1983. Wasserverbrauch in Baumschulen, Deutsche Baumschule 35,(10), p. 369.

• Weblinks

Baumschule Kessler GmbH(Schweiz): www.baumschule-kessler.ch

Baumschule Hügle(Teningen-Heimbach, Germany): www.huegle-gartenwelt.de

Baumschule Brossmer(Ettenheim, Germany): www.brossmer.de

Baumschule Hils-Koop GartenBaumschule & Floristik(Germany): www.hils-koop.de

Baumschule Köhler(Bruchköbel, Germany): www.baumschule-koehler.de

Boomkwekerij Ebben(Netherland): www.ebben.nl

B&P Handelskwekerijen(Netherland): www.bpboomkwekerijen.eu

Harry Menkehorst(Netherland): www.menkehorst.nl

Hornbach Schweiz AG: www.hornbach.ch

IBI(International Biochar Initiative): http://www.biochar-international.org/biochar

Penitas Viveros Co.(Spain): www.viverospenitas.es

Pflanzencenter Keller GbR(Germany): www.pflanzen-keller.de

출판사 발행도서

공동주거단지 및 단독주택을 가꾸기 위한
정원수 유지관리 매뉴얼

공동주거단지나 단독주택에 심어지는 정원수 및 정원이라는 공간을 유지, 관리할 수 있는 방법과 지침을 사진과 함께 해설한 정원수 유지관리 매뉴얼이다. 공동주거단지나 단독주택에서 정원수로 가장 많이 이용되고 있는 50종의 나무를 선별하여 담고 있으며, 수종별로 형태적·생태적 특성, 번식, 이식, 전정, 병충해 관리, 이용사례 및 연간 관리표를 중심으로 수종별로 매뉴얼이 작성되어 시각적으로 쉽게 이해하고 응용할 수 있도록 하였다.

권영휴, 김현준, 이태영, 염하정 공저 | 408쪽 | 4×6배판 | 올 컬러 | 값 28,600원

공동 및 개인주택
정원관리 매뉴얼

공동 및 개인주택의 정원을 가꾸는데 있어 초보자도 쉽게 이해하고 활용할 수 있도록 구성했다. 기초이론부터 실제 현장에서 필요한 구체적인 지침들이 들어있다. 총 10개의 장으로 '수목식재, 전정관리, 시비관리, 제초관리, 관수 및 배수관리, 월동관리, 병충해관리, 비전염성 병관리, 잔디관리, 식재공간 변화에 따른 관리'의 내용을 담았다.

권영휴, 김현준, 이태영 공저 | 280쪽 | 4×6배판 | 올 컬러 | 값 21,000원

귀농·귀촌·부농이 되기 위한 가이드북
돈이 되는 나무

조경수를 처음 재배하고자 하는 분들에게 도움이 될 수 있도록 조경수 생산과 유통, 농장조성기법, 농장경영의 사업성 분석, 조경수 번식 및 식재기술 등과 향후 조경수 시장에서 수요가 많을 것으로 예상되는 수목 55종을 선정하여 각 수목의 생태적 특성과 재배기술, 판매와 유통 등에 관하여 다양한 사진 자료와 함께 상세히 설명하였다.

권영휴, 이선아, 김현준, 이태영 공저 | 464쪽 | 4×6배판 | 올 컬러 | 값 32,000원

출판사 발행도서

테마별로 정리한
정원 유지관리 실내식물 기르기

실내외 정원과 식물에 대해 꼭 필요한 그림과 현장 사진을 제공함으로써 초보자도 쉽게 이해할 수 있게 구성한 것이 특징이다. 총 4개의 장으로 구성하였으며, 첫 번째 장은 실외 정원의 유지 관리에 꼭 필요한 내용, 두 번째 장에서는 실내식물의 재배 번식과 관리 방법으로 구성하였으며, 세 번째 장에서는 야생에서 자라는 야생화 가운데 가꾸기 쉽고 관리하기 쉬운 야생화를 선정하였으며, 네 번째 장은 실내 정원 꾸미기에 대해 다양한 사진과 함께 상세히 설명하였다.

권영휴, 김영아, 정연옥, 정미숙 공저 | 500쪽 | 4×6배판 | 올 컬러 | 값 29,800원

숲을 말한다
나무 이야기

우리나라에 자생하는 나무와 외국에서 들여와 심어진 대표적인 나무를 포함한 828종류의 나무가 수록되어 있다. 나무의 잎, 꽃, 열매, 수형 등을 중심으로 총 2,900여 컷의 생장과정별 사진을 수록하여 나무의 생태와 특징을 한눈에 관찰할 수 있도록 하였으며, 나무의 생태는 물론 나무에 얽혀 전해오는 이야기와 나무 이름에 관한 유래와 전설, 차(茶) 및 약재로의 활용 등 실용적인 정보를 상세하고 재미있게 풀어냈다.

오찬진, 오장근, 권영휴 공저 | 1,152쪽 | 4×6배판 | 올 컬러 | 값 65,000원

나무의 모든 생장과정 수록
계절별 나무 생태도감

우리나라가 원산지이거나 외국에서 들여와 식재한 총 323분류군의 주요 나무들이 계절별로 수록되어 있는 나무 백과사전이라고 할 수 있다. 나무들을 계절별로 나누고, 나무의 수형, 수피, 잎, 꽃, 열매 등 부위별 생장 사진을 함께 실어 나무의 생태와 특징을 한눈에 관찰할 수 있게 하였다. 식물 분류는 엥글러(Engler) 시스템을 참고하였고, 학명 및 국명은 국가생물종지식정보시스템을 기준으로 하였다. 언제 어디서든 필요에 따라 손쉽게 이용할 수 있도록 만들었다.

오찬진, 장경수 공저 | 672쪽 | 4×6배판 | 올 컬러 | 값 25,800원